과학과 가치

테크노사이언스에서 코스모테크닉스로

과학과 가치 연구회 기획   이중원 · 홍성욱 엮음

과학과 가치의 다양한 관계들

이
중
원

서울시립대 철학과 교수. 주요 연구 분야는 과학철학과 기술철학이며, 과학기술이 사회와 맺는 관계를 다각도로 고찰하고 있다. 양자이론, 나노 기술, 로봇 공학 등 어려운 과학이론과 첨단기술을 대중적으로 널리 알리기 위해 강연·언론 기고 등 다양한 활동을 하고 있다. 서울대에서 물리학 학사·석사학위를 받았고, 동대학원 과학사 및 과학철학 협동 과정에서 과학철학으로 박사학위를 취득했다. 한국과학철학회 회장과 한국철학회 회장을 역임했다. 주요 저서로는 『인공지능의 윤리학』(공저), 『인공지능의 존재론』(공저), 『필로테크놀로지를 말한다』(공저), 『욕망하는 테크놀로지』(공저) 등이 있고, 『시간은 흐르지 않는다』를 우리말로 옮겼다.

과학자들은 거의 예외 없이 "과학은 사실(fact)을 다룬다"고 생각한다. 그래서 많은 이들이 사실을 다루는 과학은 가치(value)와 관계가 없다고 생각한다. 가치는 인문학, 곧 윤리학이나 철학의 몫이라고 간주하는 것이다.

과학과 가치가 관련이 없다는 생각의 역사적 뿌리는 깊다. 18세기 영국의 철학자 흄(David Hume)은 사실에 대한 어떤 기술도 우리가 왜 도덕적인 행위를 해야 하는가를 말해주지 못한다고 했다. 20세기 철학자 무어(G.E. Moore)는 자연에서 도덕적 진리를 찾으려는 시도 자체를 '자연주의적 오류(naturalistic fallacy)'라고 명명했다. 21세기에 들어서도, 최근까지 활동한 과학자이자 철학자 포더(Jerry Foder)는 "과학은 사실에 대한 것이지 규범에 대한 것은 아니다. 과학은 우리가 누구인지를 이야기해주지, 무엇이 옳고 무엇이 그른가를 말해주지 않는다. 인간 조건에 대한 과학은 없다"고 하면서 전통적 견해에 동조했다(Gorski 2013).

과학이 가치와 무관하다는 생각은 가치중립적인 과학(value-free science 또는 value-neutral science)이라는 과학에 대한 특정한 관념을 정당화한다. 이런 관념이 극단적으로 치닫게 되면 과학이 사회와 무관하고, 따라서 과학은 사회적 영향에 대해서 책임을 질 필요가 없다는 입장으로까지 이어진다. 과학의 사회적 영향은 기술자들이나 정치인들의 몫이라는 것이다. 한편, 인문학자들은 자신들이 과학에 가치를 제공하면서 과학이 어떤 방향으로 가야하는지 인도해 줄 수 있다고 주장한다. 이런 인문학자들 다수는 과학이라는 것이 극도로 객관적이며, 따라서 비인간적이라고 평가하는 사람들이다. 어쨌든 과학자들은 과학의 사회적 영향에 대해 고민할 필요가 없다는 것이다.

과연 지금의 세상에서 그런 극단적 분리가 가능할까. 지구온난화와 기후위기가 가속화되는 인류세(Anthropocene)의 시기에 과학과 인문학의 협력은 매우 중요하다. 과학은 사실을 다루고 인문학은 가치를 제공한다는 식으로 과학과 인문학을 나눈 뒤에, 이 둘의 상보적 역할을 강조하는 것만으로는 우리가 처한 이 복잡한 문제를 해결하지 못한다. 또한 과학 자체가 이미 다양한 내재적 가치를 가지고 있으며, 과학자들이 연구를 선정하고 진행할 때 주관적인 가치가 많이 개입된다는 것을 보여주는 다양한 연구들도 있다(Putnam 1985). 더 나아가 과학 연구 자체가 새로운 가치를 드러내는 경우도 많다. 과학의 연구 결과가 수용되는 과정에서 사회적 가치의 영향을 받기도 한다.

과학과 가치가 만나는 다면적이고 중층적인 접점에는 어떤 지점들이 있는가. 그리고 이런 접점들이 만들어내는 가능성과 문제점은 무엇인가? 이를 크게 네 가지로 구분해 살펴볼 수 있다.

1

과학의 내재적인 인식적 가치

과학은 오랜 역사를 거쳐 온 인간의 지적이고 실천적 활동이며, 그 과정에서 최대한 정확하고 객관적인 지식을 만들어 내기 위해 여러 가지 인식적 가치를 발전시켜 왔다. 과학의 인식적 가치에는 신뢰성(reliability), 검증가능성(testability), 정확성(accuracy), 정밀성(precision), 일반성(generality), 개념의 단순성(simplicity of concepts), 설명력(heuristic power), 독창성(novelty), 지식의 증진(advancement of knowledge), 통제된 관찰(controlled observation), 개입적인 실험(interventive experiments), 예측의 검증(confirmation of predictions), 재연가능성(repeatability), 통계적 분석(statistical analysis), 정직성(honesty) 등이 포함된다(Rooney 1992). 이런 가치들은 조금 다른 관점에서 사회학자 로버트 머튼(Robert Merton)의 4가지 규범(보편주의, 공유주의, 이해중립성, 조직화된 회의주의)을 포함한다(Merton 1973). 과학기술학자 해리 콜린스(Harry Collins)는 최근 과학의 '형성적 열망(formative aspiration)'이란 개념을 제안하며, 여기에 과학의 인식적 가치들과 머튼의 규범을 포함시켰다. 그는 과학의 '형성적 열망'이 지금 위기를 맞고 있는 민주주의를 다시 살릴 수 있는 중요한 덕목(virtue)이 될 수 있다고 주장한다(Collins and Evans 2017).

과학의 내재적인 인식적 가치에 대해서는 아직도 많은 연구와 논쟁이 진행 중이다. 과학의 형성적 열망이 민주주의가 지향하는 가치와 맞물린다는 콜린스의 주장에 대해서는 과학 지상주의에 불과하다는 비판도 제기된다. 과학철학자들은 과학의 인식적 가치를 강조하지만, 과학사회학에서는 그런 인식적 가치도 사회적으로 구성된 것일 수 있다는 점을 강조한다. 과학철학, 과학사회학을 포함하여 더 많은 학제간 융합 연구가 필요한 지점이다.

2
과학이 낳는 새로운 인간적 · 사회적 가치

새로운 과학은 기존의 가치에 도전하면서, 새로운 가치를 요구한다. 최신의 의료기술, 신경과학, 진화론, 우주론 등에서 이런 사례들을 찾아볼 수 있다. 의료기술의 발전은 신체 기관의 이식을 통해 생명 연장을 가능하게 했는데, 누가 먼저 이런 의술의 수혜자가 되어야 하는가에 대한 윤리적 문제를 낳는다. 기존의 윤리학은 희소한 재원의 분배 원리에 따라서 이 문제를 해결했는데, 이는 장기의 불법 매매와 같은 부작용을 낳고 있다. 인공수정 기술은 전통적 가족의 가치를 뒤흔들었다. 난자의 미토콘드리아를 다른 여성에게서 제공받아서 낳은 아이의 부모는 누구인가. 어머니가 둘이고 아버지가 한 명인 '세 부모 자녀'의 존재는 가족이란 무엇인가에 대한 전통적 가치관에 도전장을 내밀었다. 뇌과학은 인간의 자유의

지라는 철학적 범주에 도전하고 있다.

　　　　최근에 신경과학자 샘 해리스(Sam Harris)는 인간의 의식이 우주에서 일어나는 복리(well-being)와 고통(suffering)을 구별할 수 있고, 따라서 어떤 사회나 문화는 도덕적으로 더 정당하고 다른 것은 덜 정당하다는 것을 과학적으로 알 수 있다고 주장했다. 그는 이를 '사실에 근거한 도덕(fact-based morality)'이라고 명명하며, 이를 통해 도덕적 상대주의와 종교계의 보편적 도덕주의 모두를 비판할 수 있다고 주장했다(Harris 2010). 이런 입장에 따르면 기본적으로, 가치라는 것은 의식을 가진 존재의 복리에 대한 사실인 것이다.

　　　　진화론, 특히 진화심리학은 인간의 선과 악, 욕망만이 아니라 이타성도 진화의 자연적 결과라고 주장하면서, 사회적 가치가 이 자연적 과정에 맞게 설계될 때 사회적 갈등이 최소화될 수 있다고 주장한다. 현대 천문학은 우주가 인간을 위해 설계되었다는 인간중심주의가 얼마나 허망한 주장인가를 보여주고 있다. 칼 세이건(Carl Sagan)이 강조했듯이, 지구가 우주의 한 점에 불과하다는 사실은 우리가 그렇게 자만할 만한 존재는 아니라는 것을 잘 드러내고 있다.

　　　　과학이 낳는 새로운 가치는 여기에 그치지 않는다. 현대물리학, 뇌과학, 진화론, 진화심리학, 컴퓨터과학, 인공지능, 환경과학, 기후과학, 독성학, 수의학과 동물학, 지구시스템과학 등에 이미 담겨 있지만, 아직은 우리가 깨닫지 못한 새로운 가치들도 많을 것이다. 이에 대한 과학-과학철학-과학기술학(Science and Technology Studies, STS)의 협동 연구가 절실하다.

3
과학기술의 발전과 수용에 필요한
인간적 · 사회적 가치

과학기술의 발전은 사회 속에서 일어나고, 사회가 품고 있는 다양한 가치의 영향을 받는다. 사회구성주의 과학기술학자들은 한 사회가 가진 특정한 가치가 과학 이론이나 개념을 만들고, 이 중에서 특정한 이론이나 개념이 받아들여지게 하는 데 중요한 역할을 담당했다는 것을 보여 왔다. 과학자 개개인이 사회적 가치에 직접 영향을 받지 않는 경우라도 과학자 공동체가 공유한 패러다임은 특정한 사회문화적 맥락 속에서 형성되고 발전하는 경우가 대부분이다. 과학의 발전 과정에서 자주 등장하는 과학과 가치의 결합은 과학이 본질적으로 사회적 활동임을 각인시켜 준다.

21세기 과학기술문명 사회에서 첨단 과학기술(인공지능, 로봇, 생명공학, 나노기술, 뇌신경과학 등)의 발전은 인간의 삶과 생활 양식, 인간의 정체성, 사회적 관계 및 구조에 많은 영향을 끼치고 있다. 첨단 과학기술이 인간적 가치나 사회적 가치에 미치는 전면적인 영향에 대한 심도 있는 연구와 사회적 공론화가 시급하다. 과거 과학기술 분야에서 연구개발은 당장 눈에 띄는 부작용이 두드러지지 않는 한 별문제 없이 산업화와 상업화로 이어져 자연스럽게 경제사회 발전의 핵심 축으로 인정됐다. 한마디로 사회적 수용과정에서 그것이 야기할 인간적 가치나 사회적 가치의 문제에 대한 진지한 검토 없이 주로, 아니 거의 전적으로 경제적 가치의 논리에 따라 수용됐다(Gorz 2010; Prior 1998). 하지만 앞서 언급한 대로 21세기 첨단 과학기술의 발전은 지금까지 우리가 당연시해 온 인간적 가치나 사회적 가치 모두에 심각한 도전이 될 수 있다. 첨단 과학기술이 경제적 가치만으로 우리 사회에 별다른 문제의식 없이 쉽게 수용될 수 있는 단계는 넘어섰다. 적어도 다음과 같은 세 가지 측면에서 과학기술의 사회적 수용과정에 대한 진지한 검토가 필요하다.

우선 로봇이나 인공지능, 뇌과학기술 등의 발전은 인간의 정체성과 인간적 가치, 그리고 휴머니즘 그 자체에 중대한 도전이 될 가능성이 매우 높다(Šabanović 2010; Samani et al. 2013). 인간의 정체성에 관한 논의에 어떤 변화가 있고 또 인간의 정체성은 실제로 어떻게 달라질지, 휴머니즘에는 어떤 변화가 나타날지, 미래의 과학기술문명 사회에서도 지켜져야 할 인간적 가치 혹은 덕목은 무엇인지 등에 대한 인문학적·인간학적 연구와 소통이 필요하다.

다음으로 미래 첨단 과학기술문명 사회에서도 지켜야 할 사회적 가치가 있다면 그것은 무엇인가에 대한 질문이다.

개인 욕망의 상품화, 기능성과 효율성에 기반한 실용주의적 가치, 사적 이익 중심의 경제적 가치를 넘어서는, 인류 공동체가 지향하고 소중히 간직해야 할 사회적 가치와 덕목에 대한 연구와 소통이 필요하다. 이는 과학기술과 관련하여 지속가능하고 책임 있는 사회 발전을 위한 필수요소다. 경제적 가치와 사회적 가치는 서로 충돌한다는 대립적 관점을 넘어, 두 가치가 공존하거나 융합할 수 있는 상호보완적 관점을 정립하는 것도 매우 중요하다. 더 나아가 첨단 과학기술 발전이 선도할 수 있는 미래의 공유경제 모델에 대한 연구와 사회적 담론 형성도 필요하다.

끝으로 첨단 과학기술의 발전이 인간의 삶이나 사회 발전에 심각한 위험을 초래할 수 있다고 판단될 경우, 사회적 수용과정에서 소비자 또는 시민사회로부터 강한 비판과 저항을 받을 수 있다는 점이다. 이는 경제적 가치의 측면에서 보더라도 시장 개척과 확대에 부정적인 결과를 초래할 것이 분명하다. 따라서 첨단 과학기술의 산업화와 상업화 과정에서 나타날 수 있는 위험에 대한 평가 연구, 곧 위험을 중심으로 한 윤리적, 법적, 사회적 영향 연구가 필요하다(이중원 2016).

4

과학과 창의적 가치

많은 과학사가들은 근대 과학의 기원을 고대 그리스에서 시작된 자연철학에서 찾는다. 뉴턴 역시 근대 물리학을 탄생시킨 자신의 저서에 '자연철학의 수학적 원리'라는 제목을 달았다. 오늘날 과학에서도 수학적 공식화 및 체계화 못지않게 그 바탕에 놓인 세계관, 물질관, 운동관, 시공간관 등에 관한 자연철학적 사유가 매우 중요하다. 이는 근대 과학을 탄생시키고 현대 자연과학을 발전시켜 온 창의성의 원동력이다. 과학의 창의성 혹은 창의적 가치를 북돋우기 위해 두 가지 측면에서 과학에 대한 자연철학적 탐구와 분석이 필요하다.

우선 과학의 창의적 가치를 증진시키기 위해 과학과 자연철학 간의 대화와 소통이 필요하고 이를 위한 연구 또한 중요하다. 근대 과학의 출범 과정에서 중요한 역할을 한 자연철학적 사유과정에 대한 역사적 분석, 20세기 자연과학의 발전 과정에서 보여진 과학과 인문학의 대화와 상호영향 분석 등을 들 수 있다. 수학적 형식화로는 잘 드러나지 않는 창의성을 중심으로 한 과학의 질적 가치 측면, 곧 자연철학적 의미 기반에 관한 연구가 필요하다(장회익 2019).

다음으로 과학의 자연철학적 의미에 관한 연구를 과학의 대중화 및 미래의 과학자 양성을 위한 교육에 활용할 수 있어야 한다. 과학에 대한 교육은 수학적인 문제풀이나 단순한 정보 지식의 축적만으로는 부족하다. 과학 활동 이면에 담긴 자연철학적 요소들(세계관, 물질관, 운동관, 시공간관 등)에 대한 사유는 과학의 문제를 창의적으로 사고하고 해결하는 데 큰 도움을 줄 수 있다.

이렇듯 과학과 가치는 매우 다면적이면서도 중층적으로 만나고 있다. 이런 접점들은 과학과 가치가 떼려야 뗄 수 없는, 서로 긴밀한 관계에 놓여 있음을 보여주고 있다. 이 책은 이런 다양한 접점들 가운데서 과학철학과 과학기술학(STS)에서 바라보는 과학과 가치의 관계를 중점적으로 다루고자 한다. 과학철학과 과학기술학 모두 그동안 학제간 융합의 관점에서 과학과 가치의 문제를 다루어 왔다. 과학철학이 과학의 내재적인 인식적 가치와 과학과 창의적 가치에 관심을 집중해 왔다면, 과학기술학은 과학이 낳는 새로운 가치와 과학기술의 수용에 필요한 인간적·사회적 가치에 관심을 기울여 왔다. 그런 면에서 사실 과학철학과 과학기술학은 앞서 강조한 과학과 가치의 네 가지 관계들을 모두 포함한다. 이 책 역시 이러한 기본적인 관심사에 바탕을 두면서도, 과학철학과 과학기술학 역시 상호소통이 가능하며 또 필요하다고 보는 입장이다. 보다 열린 탈경계의 관점에서 과학과 가치의 관계를 통합적으로 접근해 보고자 한다.

이 책은 크게 세 부분으로 구성되어 있다.

1부 〈과학의 가치: 근대 과학에서 AI 시대 민주주의까지, 과학철학과 STS〉에서는 근대 과학에서 태동해, 지금의 21세기까지 과학에서 핵심 쟁점으로 부상하고 있는 가치들을 이론적이고 역사적 차원에서 집중 조명하고 있다. 2부 〈과학과 같이: 이론에서 실천으로, 사회 속에서 과학과 기술의 자리〉에서는 특히 현대 과학기술과 관련하여 사회적·정치적으로 논란이 되고 있는 가치들을 실천적 차원에서 조명하고 있다. 마지막으로 〈에필로그〉에서는 서양 과학의 가치 문제를 넘어, 동양 과학에서의 가치 문제를 다루고 있다. 각 부의 내용들을 요약하면 다음과 같다.

1부.
과학의 가치 :
근대 과학에서 AI 시대 민주주의까지,
과학철학과 STS

첫 번째 천현득의 글, 「과학과 가치, 그 안과 밖」에서는 "사실을 탐구하는 과학이 가치와 무슨 상관이 있는가"를 다룬다. 흔히 과학과 가치를 논하는 전형적 유형으로 과학의 가치중립성 논쟁을 떠올리기 쉽다. 그러나 이 글은 과학과 가치가 여러 차원에서 교차하며 상호침투하는 주제라는 점을 보여준다. 이를 위해 과학과 가치의 관계를 크게 '밖으로', '안에서', '안으로'라는 세 가지 방향에서 들여다본다. 첫째, '밖으로'는 "과학이 바깥세상의 가치에 답을 줄 수 있는가"를 묻는다. 과학의 연구방법론과 내용이 바깥세상에서 사회적으로 옳거나 좋다는 가치 평가를 결정할 수 있는지에 대한 여러 논의들을 소개한다. 둘째, '안에서'는 "과학 안에서 가치는 무엇이고 어떻게 작동하나"를 살펴본다. 특히 논리경험주의 철학자 헴펠(Carl Hempel)과 과학사가 쿤(Thomas S. Kuhn)의 논의가 주요하게 검토된다. 셋째, '안으로'는 "바깥세상의 가치가 과학에 개입해도 되는가"라는 논쟁을 다룬다. 이러한 논의를 통해, 과학의 가치중립 이상에 근거한 전통적인 '과학의 사회계약'이 더 이상 통용되기 힘든 시대가 되었고, 따라서 과학과 사회는 이제 '새로운 계약'을 맺어야 하는 갱신의 시점이 왔다는 점을 지적한다.

두 번째 홍성욱의 글, 「과학의 가치와 민주주의의 가치」에서는 "과학과 민주주의의 가치는 어떤 관계를 가지는가"를 다룬다. 먼저 1930~40년대 존 듀이(John Dewey)와 로버트 머튼이 제시한 과학과 민주주의에 대한 관념을 분석하고, 1960년대 이후 등장한 쿤, 파이어아벤트(Paul Feyerabend), 프라이스(Don K. Price)처럼 과학에 비판적 관점을 가진 학자들이 과학과 민주주의의 관계를 어떻게 보았는지 살펴본다. 이어 시민에 의한 과학기술의 민주화를 주장한 사회구성주의가 1980년대 후반 과학기술학의 '참여적 전환'을 낳게 된 과정을 추적한다. 그리고 이런 역사적 흐름을 '제1의 물결'과 '제2의 물결'로 정리하며, 이를 종합해 '제3의 물결'을 주창한 콜린스와 에번스(Robert Evans)의 논점을 소개한다. 끝으로 저자는 이런 논의들이 가진 의의와 한계를 짚어보면서, 과학의 가치와 민주주의의 가치가 다시 만날 수 있는 조건, 더 나아가 둘의 가치가 만나야만 해결이 가능한 우리 시대의 절박한 위기가 무엇인지를 밝힌다.

세 번째 첨단기술과 윤리적 가치 사이의 관계를 조망한 이상욱의 글, 「AI 윤리가 왜 중요한가?」는 21세기 한국 사회에서 AI에 대한 윤리적 고찰은 단지 사회적으로 바람직한 무엇을 위해 필요하다는 식의 논의를 넘어, 산업현장에서 AI 연구개발 및 활용에도 매우 중요하다는 것을 강조한다. 1970년대 자동차 배기가스 규제가 친환경적 내연기관의 기술혁신을 낳았듯, AI 윤리에 대한 논의가 '현명한 규제'로 이어진다면 기술혁신과 사회적 공익실현을 동시에 달성할 수 있는 계기라고 본다. 무엇보다 국제적으로 AI 윤리 논의의 중요성이 기술 개발자와 정책 입안자, 그리고 산업계 등 광범위한 이해관계자들에 의해 인정되고 있기 때문이다. 그러나 2021년 초반 '이루다 사태'에서 목격했듯, AI 윤리는 대단히 논쟁적이기 때문에, 여러 윤리적 가치를 종합적으로 고려하고 충분한 사회적 숙고를 통해 합의점을 도출해야 한다는 점을 강조한다. 또한 AI 윤리의 사회적 실천 방법으로 '적응적(adaptive) 거버넌스'를 제안하고, 시민사회를 포함한 모든 이해관계자들을 위한 AI 윤리 교육이 왜 필요한지를 설명한다. AI 윤리 논의는 첨단 과학기술에 대한 가치론적 고려의 좋은 사례가 될 것이다.

네 번째 손화철의 글, 「기술의 가치중립성: 그 함의와 한계, 그리고 과제」에서는 '기술은 가치중립적인가?'라는 물음을 던지고, 이를 기술의 본질과 성격의 차원에서 검토한다. 우선 가치, 윤리(倫理), 에틱스(ethics), 도덕, 규범과 같이 일상생활에서 흔히 혼동해서 쓰는 용어들을 개념적으로 정확하게 정리하면서, 가치중립성에 대한 오해의 엉킨 실타래부터 풀어준다. 특히 저자는 과학과 기술, 두 분야에서 가치중립성에 대해 이해하고 적용하는 맥락이 서로 대단히 다르다는 점을 강조한다. 이와 함께 기술철학에서 기술의 중립성을 비판한 다양한 접근을 소개하고, 그럼에도 여전히 남아 있는 '중립성 신화'를 비판하고 해체하고자 한다. 기술은 다양한 가치의 각축장이며, 기술적으로 가능한 것을 개발하기보다 우리가 바라는 바를 이루기 위한 기술 개발이 필요하다는 주장이다. 이를 저자는 '목적이 이끄는 기술 발전'이라고 명명하고, 기술사회의 미래를 위한 대안으로 제안한다.

2부.

과학과 같이 :

이론에서 실천으로,

사회 속에서

과학과 기술의 자리

다섯 번째 현재환의 글, 「과학과 반인종주의라는 가치: 유네스코 인종 선언문 논쟁」에서는 반인종주의라는 사회적 가치와 과학, 특히 인류유전학과의 관계를 둘러싼 학자들의 논쟁을 역사적 배경 하에서 살피고 그 함의를 검토한다. 먼저 1950~51년 유네스코의 '인종 공동선언(The Race Question)'을 놓고 인류 유전에 관한 과학이 어떤 방향으로 나아가야 하는가와 관련한 당시 과학자들의 치열한 논쟁을 소개한다. 한편에선 과학이 인종에 대한 편견을 일소하고 인류 평등이란 가치에 확실한 과학적 기반을 제공하여 '사회적 선'을 향해 나아가야 한다고 생각한 이들이 있었다. 그러나 다른 한편에선, 이러한 접근은 2차 대전 이전의 인종주의자들만큼이나 자신들의 사회적 신념을 정당화하기 위해 과학의 권위를 부당하게 사용하는 것이라는 극단적인 비판도 있었다. 아무리 사회적 선을 지향한다 하더라도 평등주의, 또는 반인종주의와 같은 신념이 과학 활동을 침해해선 안 된다고 우려하는 시각도 상당했다. 과학의 가치중립성과 반인종주의라는 사회적 가치를 둘러싼 인류유전학 논쟁은 현재도 진행형이다. 저자는 우리 시대에 필요한 과학은 어떤 것이어야 하는지를 검토한다.

여섯 번째 이두갑의 글, 「21세기 기업가형 과학자와 과학적 덕목(scientific virtue)의 역사」에서는 21세기 과학기술이 국가의 경제발전과 안보, 그리고 보건과 복지향상을 주도하는 힘과 권위의 원천이 되면서, 과학 활동의 가치와 과학자의 덕목이 더욱 중요지고 있다고 본다. 근대 과학자는 객관성과 중립성의 가치를 담지한 이상적 지식인의 덕목을 부여받았다. 그러나, 국가와 기업과 결합하여 권력과 이윤 추구가 연구의 주된 동기가 된 21세기 과학자들은 어떠한 가치와 덕목을 구현하는 것일까? 저자는 역사적으로 변화해 온 과학자들의 이미지와 이들이 지닌 덕목을 살펴보면서, 이들의 사회적 역할에 대한 기대가 어떠한 과정을 거쳐 등장하고 서로 충돌하며 새롭게 재창출되고 있는지를 추적한다. 이를 통해 21세기에서 과학 활동의 가치와 과학자의 덕목이 갖는 관계와 중요성을 정리하며, 새로운 대안적 과학자들이 등장해야 할 필요성을 지적하고 그 가능성을 모색한다.

일곱 번째 임소연의 글, 「과학과 여성주의 가치」에서는 '여성주의 가치는 과학을 어떻게 바꾸는가?'라는 질문을 던지고 이에 대한 답을 페미니스트 과학기술학이 쌓아온 지금까지의 성과와 새로운 시도들에서 찾고 있다. 먼저 이전의 남성중심적 과학을 비판하고 페미니즘이 개입하는 새로운 과학의 이론과 개념을 발전시킨, 1980년대의 대표적 페미니스트 과학기술학자 켈러(E.F. Keller), 하딩(S. Harding), 그리고 해러웨이(D. Haraway)의 논의를 소개한다. 그리고 이들의 선구적이고 활발한 활동 이후 1990년대 말에 다시 던져진 질문, '페미니즘은 (과연) 과학을 바꾸었는가?'에 대한 답변을 들여다본다. 그리고 '페미니스트 과학'을 '여성화된 과학'과 구별하면서 어떻게 정의할 것인지 논한다. 이는 21세기에 '페미니즘은 과학을 어떻게 바꿀 수 있는가?'에 대한 답이기도 하다. 성과 젠더에 대한 분석이 과학 연구에서 왜 중요한지, 과학계의 제도 혁신이 왜 필요한지에 답하며, 최근 시도되고 있는 젠더혁신 프로젝트를 검토한다.

여덟 번째 과학기술정책과 가치의 관련을 다루는 송위진의 글, 「과학기술혁신정책의 가치지향적 전환」에서는 가치지향성이 이미 전제된 '사회적 임무지향 혁신정책'에서 과학기술과 시민사회를 연결하는 정부의 역할을 중점적으로 검토한다. 과학기술혁신의 새로운 주체로 등장한 시민사회의 역할, 사회적 도전과제 해결을 위한 정부의 동태적 능력, 선도적 투자를 통해 새로운 산업이 창출할 환경을 조성하는 '혁신가'로서의 정부의 역할 변화를 다룬다. 그리고 이런 새로운 과학기술혁신정책 패러다임에서 필요한 과제를 세 가지로 요약한다. 첫째 공동의 창조자로서 시민의 실질적 참여, 둘째 문제 해결을 위해 과학기술 공급자와 사용자, 다양한 과학기술 활동이 연계·통합되는 혁신 플랫폼의 구축, 셋째 분야융합형 산업의 형성과 지식 커먼즈에 대한 관리이다. 기후위기나 양극화는 우리의 사회적, 기술적 시스템이 심각한 도전에 직면해 있다는 것을 보여준다. 저자는 이 위기를 넘어서기 위한 과학기술과 사회적 가치의 만남과 연대를 기대한다. 이에 과학기술자와 과학기술학자들이 적극적으로 참여하여, 위기를 넘어 지속가능한 전환을 이루어야 한다는 것이다.

에필로그

에필로그로 아홉 번째 홍성욱의 글, 「동양의 과학은 서양의 과학과 다른 가치를 가지는가?」를 싣는다. 지금까지 1, 2부의 글들은 서양 중심으로 과학과 가치의 관계를 논했다. 마지막 장에서는 서양 과학과 동양 과학, 그리고 서양의 가치와 동양의 가치를 비교하는 것으로 책을 마무리해 본다. "동양 과학이 서양 과학과는 다른 가치를 지니는가"라는 질문은 다시 한번 '과학과 가치의 관계'의 본질을 파고든다. 20세기 이후 동양의 과학 중에서 아직도 수행되는 한의학은 천인합일(天人合一), 주객합일(主客合一)이라는 동양 사상의 정수를 담고 있는데, 이는 조지프 니덤(Joseph Needham)이 상관적(correlative)이라는 번역어로 서양 과학과 철학에 소개한 개념이다. 서양의 현대 철학은 이렇게, 뒤늦게 동양 과학의 가치와 공명하게 된다. 저자는 한국에서 도덕경을 접한, 특이한 경력의 기술문명 사상가 로버트 피어시그(Robert Pirsig)의 급진적 형이상학을 소개하고, 최근 홍콩 출신의 기술철학자 허욱(Yuk Hui)이 제안한 '코스모테크닉스' 개념을 검토하며 과학과 가치가 맺는 새로운 관계의 가능성을 기대한다.

이 책이 나오기까지 많은 분들의 도움이 있었다. 제일 먼저 과학이 세상을 이끌고 있지만 과학의 본질 역시 인간의 활동인 만큼 가치의 문제가 중요하며, 적극적인 학제간 소통을 통해 과학과 가치의 관계에 관한 한층 심화된 담론을 만드는 데 흔쾌히 공감하고 아낌없는 지원을 보내주신 유미과학문화재단의 송만호 이사장님께 깊은 감사를 드린다. 또한 '과학과 가치'라는 쉽지 않은 작업에 적극적으로 함께 나서주신 이 책의 필자들께도 이 자리를 빌어 깊은 감사를 드린다. 앞으로도 이러한 대화와 소통이 일회성에 그치지 않고 중단 없이 지속되기를 모든 분들과 함께 기대해본다. 마지막으로 이 책의 출판을 흔쾌히 수락해주신 도서출판 이음의 주일우 대표님과 꼼꼼하게 편집을 맡아 주신 배노필 편집자께도 깊은 감사를 드린다.

책을 기획하고 모임을 함께 꾸려온

이중원 씀

참고문헌

이중원. 2016. 「나노기술이 던지는 새로운 철학적 문제들에 대한 고찰」. 『도시인문학연구』 8권 1호. 155~185쪽.

장회익. 2019. 『장회익의 자연철학 강의』. 청림출판.

Collins, Harry and Robert Evans. 2017. *Why Democracies Need Science*. Cambridge: Polity Press.

Gorski, Philip S. 2013. "Beyond the Fact/Value Distinction: Ethical Naturalism and the Social Sciences." *Society* 50. pp.543~553.

Gorz, André. 2010. *Critique of Economic Reason*. Verso.

Harris, Sam. 2010. *The Moral Landscape: How Science Can Determine Human Values*. New York: Free Press.

Merton, Robert. 1973. "The Normative Structure of Science." in Merton, Robert K. (ed.). *The Sociology of Science: Theoretical and Empirical Investigations*. Chicago: University of Chicago Press.

Putnam, Ruth Anna. 1985. "Creating Facts and Values." *Philosophy* 60. 1985. pp.187~204.

Rooney, Phyllis. 1992. "On Values in Science: Is the Epistemic/Non-Epistemic Distinction Useful?" *PSA: Proceedings of the Biennial Meeting of the Philosophy of Science Association* Vol. 1992. pp.13~22.

Šabanović, Selma. 2010. "Robots in Society, Society in Robots." *International Journal of Social Robotics* 2(4). pp.439~450.

Samani, Hooman. et al. 2013. "Cultural Robotics: The Culture of Robotics and Robotics in Culture." *International Journal of Advanced Robotic Systems* 10. pp.1~10.

1부

과학의 가치

근대 과학에서 AI 시대 민주주의까지, 과학철학과 STS

천현득

과학과 가치,
그 안과 밖

"과학의 가치중립성이라는 이념은 근대 과학의 사회계약에서 핵심적인 부분이다. 그러나 가치에 중립적이지 않은 과학이 세계에 관한 사실을 제공하지 못하는 나쁜 과학이 되는 것도 아니고, 정책입안자들에게 현명한 조언을 제공할 수 없는 것도 아니다. 그렇다면 '과학의 사회계약'에 대한 갱신을 고민해야할 시점이다. 특히, 무엇이 "충분히 좋은 증거인가"를 묻게 될 때, 우리는 가치의 문제를 우회할 수 없다."

천
현
득

서울대 과학학과 교수. 일반과학철학과 인지과학철학을 주로 연구한다. 서울대에서
물리학을 전공하고, 동 대학원 과학사 및 과학철학 협동과정 석사와 박사학위를 받았고,
이화여대 인문과학원 교수, 피츠버그대 과학철학센터 객원 펠로우를 역임했다. 『과학이란
무엇인가』(공저), 『인공지능의 존재론』(공저), 『인공지능의 윤리학』(공저) 등의 저서를 냈고,
최근 토머스 쿤의 후기 철학을 다룬 저서 『토머스 쿤, 미완의 혁명』을 출간했다.

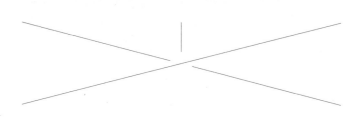

1
과학과 가치,
무엇을 어떻게 생각할 것인가?

과학은 가치와 무슨 상관이 있는가? 과학이 세계에 관한 사실을 탐구하고 객관적 지식을 산출하는 활동이라면, 그리고 가치는 평가와 당위의 문제라면, 과학은 주관적이거나 집단적인 가치와 무관해야한다고 생각하기 쉽다. 이를 과학의 가치중립 이상(value-free ideal of science)이라고 부르자(Dougals 2009). 이상적인 과학이 가치로부터 분리되거나 중립적이어야 한다고 해서, 역사상 모든 과학 활동이 가치중립적이었음을 주장하는 것은 아니다. 특정 종교나 정치 이데올로기가 개입해 과학의 발전을 막거나 과학 자체를 타락시킨 사례들을 우리는 잘 안다. 예컨대, 20세기 초반 스탈린의 지원을 받아 소비에트 다원주의를 주장했던 리센코(Trofim Lysenko)의 생물학은, 인식적으로 그리고 정치적으로 커다란 해악을 남겼다. 당시 유전학과 진화론의 주류 이론이던 멘델-모건주의를 관념론이라는 이유로 이념적으로 배격하는 나쁜 선례를 만들었다. 이러한 사례는 과거에만 국한되지 않는다. 흡연이 건강에 미치는 영향에 대한 연구에서도 의심스런 사례가 많다. 다국적 담배회사의 지원을 받은 연구들이 흡연의 악영향을 오도하는 연구들을 발표해왔다는 것은 잘 알려져 있다(Proctor 2012).

물론, 이러한 연구들에 정치적 이데올로기나 경제적 이해관계가 개입됐다고 해서, 과학의 가치중립 이상이 반박되는 것은 아니다. 오히려, 과학이 가치중립적이기 못했기에 과학이 타락하고 큰 상처를 남겼다고 주장할 수도 있다. 쟁점은 가치중립성이 과학의 이상으로서 여전히 유효한가에 있다. 그러나 이마저도 논점이 아주 분명치는 않다. 중립적이라는 것이 단순히 가치와 무관하다는 것인지, 과학은 모든 가치에 중립적이어야 하는지, 아니면 일부 가치에는 의존하지만 다른 가치에는 중립적어야 하는지 등이 불분명하다. 예컨대, 과학은 진리라는 가치를 추구한다는 언명이 허용된다면, 어떻게 과학이 가치로부터 분리될 수 있는가? 문제는 중립성이나 의존성, 그리고 가치의 다양한 종류에 관한 세부적 논의다. 이것이 뒷받침되지 않는다면, 과학과 가치에 관한 논의는 자칫 무의미해질 수도 있다.

과학과 가치의 관계에 관한 논의는 좁게 이해된 과학의 가치중립성에만 국한되지 않는다. 여기서 좁게 이해된 과학의 가치중립성이란, 과학 외적인 가치가 과학 안으로 개입하는지 여부에 관련된다. 과학의 가치중립성이 과학과 가치의 관계에 관한 핵심 주제이기는 하지만, 그것이 모든 주제를 포괄하지는 않는다. 그러므로 과학과 가치가 어떠한 관계를 맺는지를 탐구하면서 수행해야할 첫 번째 과제는 여러 주제들을 적절한 단위로 분류하는 것이다.

나는 과학과 가치의 관계를 '밖으로', '안에서', '안으로'라는 세 가지 방향으로 분류할 것을 제안한다. 먼저, '밖으로'란 과학이 그 바깥에 있는 가치에 어떠한 영향을 미치는가에 관련된다. 예컨대, 과학이 우리 사회에서 갖는 의미와 가치는 무엇인가, 과학의 연구 결과나 방법론이 우리 사회의 가치 판단을 확립하는데 도움을 줄 수 있는가 등이 논의될 수 있다. 둘째, '안에서'는 과학 안에서 작용하는 여러 가치들에 관심을 둔다. 예컨대, 과학에서 중요하게 간주되는 인식적 가치는 무엇이고 그것들이 과학 안에서 어떻게 작용하는지, 혹은 연구 공동체의 활동에서 사회적-제도적 규범은 어떻게 기능하는지 등이 관련된다. 셋째, '안으로'란 과학 밖의 가치가 과학 안으로 어떻게 개입하는지에 관심을 둔다. 이는 과학의 가치중립성 논쟁과 직접적으로 관련되는 주제이다.

이 글에서 과학과 가치의 관계에 속하는 모든

문제들을 나열하지 않을 것이다. 예컨대, 과학 활동과 그에 관한 사회적 뒷받침이 사회의 안정성이나 창의성을 고양하는지 여부, 연구 부정행위나 부적절 행위의 발생 원인과 대응 방식 등까지 이 글에서 다루진 않는다. 다만, 위에서 제시한 세 가지 유형별로 주요한 문제를 하나씩 다룸으로써, 과학과 가치를 바라보는 여러 입장을 소개하고자 한다.

2
밖으로 :
과학이 바깥세상의 가치에
답을 줄 수 있는가

대표적 논리경험주의 철학자 헴펠(Carl Hempel)은 1965년 「과학과 인간 가치(Science and Human Values)」라는 논문에서 다음과 같은 질문을 던졌다. "과학이 세계에 대해 믿을 만하고 실용적으로 응용될 수 있는 지식을 산출한다고 하더라도, 그것이 가치와 규범의 문제에 관해 답할 수 있는가?" 이때 '과학'

이란 (수학이나 논리학과 같은 형식과학이 아닌) 경험과학의 객관적인 방법을 의미한다. 따라서 위의 질문은 과학의 구체적인 어떤 주장이나 내용이 아니라, 세계를 탐구하는 과학적 방법이 가치의 문제에 관해 답할 수 있는지를 묻는 것이다.

당시 논리경험주의자들과 포퍼는 과학의 방법이 무엇인지를 놓고 커다란 의견 차이를 보였지만, 공유하는 부분도 적지 않았다. 우선, 그들은 공통적으로 '발견의 맥락'과 '정당화의 맥락'을 구분했다(Popper 1934/58; Reichenbach 1938). 이들은 인식론과 과학철학의 과제가 제안된 가설이나 이론에 대한 정당화와 논리적인 평가에 있다고 믿었지만, 발견의 논리는 없다고 생각했다. 이론이나 가설을 고안하는 발견의 과정을 있는 그대로 서술하는 발견의 맥락은, 심리학이나 사회학적 탐구의 대상이기는 했지만 과학의 논리를 탐구하는 철학과는 무관하다고 보았다. 과학자들이 새 이론을 제안하는 과정은 직관이나 창조적인 상상력에 의존하는 것이지, 논리적인 과정이 아니라는 것이다. 따라서 과학철학이 분석의 대상으로 삼는 것은 발견의 과정이 아니라 제안된 이론에 대한 정당화의 과정이었다. 이론에 대한 평가는 입증이나 반증과 같은 엄격한 논리적·확률적 절차에 의해서 이루어져야 하는데, 그러한 경우에만 과학의 합리성이 보증될 수 있다고 보았기 때문이다. 이론을 수용하거나 기각하는 문제에 있어서, 가설이 주어진 증거로부터 입증되거나 반증되는 표준적인 방식이 존재한다는 것이 그들의 공통된 가정이었다. 그러한 표준적인 방법론이 존재한다면, 가치 판단의 영역에 적용될 수 있는가 하는 것이 헴펠이 다루려는 물음이었다.

　　　　1950~60년대 미국에서는 아이를 너그럽게 키워야하는지 아니면 엄격하게 키워야하는지에 관한 논쟁이 있었는데, 헴펠은 이 사례에서 과학이 가치의 문제에 답할 수 있는지를 묻는다. 아이를 엄격하게 양육해야한다는 쪽과 너그럽게 양육해야한다는 쪽은 모두 자신들의 주장을 뒷받침하는 나름의 증거들을 가질 수 있다. 예를 들어 다음 가설이 입증됐다고 해보자. "아이를 엄격하게 키우는 것은 교육적 권위를 행사하는 부모와 다른 사람들에 대해 반감과 공격성을 일으킬 수 있고, 그 결과 죄책감과 불안감을 낳으며, 결국에는 아이의 진취적이고 창조적인 잠재성을 해치게 된다. 반면, 아이를 너그럽게 키우는 것은 그와 같은 결과를 피하고, 더 행복한 인간 관계를 만들며, 풍요로운 마음과 자기 신뢰를 고취하고, 아이로 하여금 자신의 잠재력을 발전시키고 즐길 수 있게 한다." 이 가설이 여러 증거를 통해 지지를 받는다면, 그래서 참이라고 믿을 좋은 이유가 있다면, 너그러운 양육이 더 좋다는 주장이 과학적 연구에 의해 증명된 것인가?

　　　　사실은 그렇게 간단치 않다. 헴펠이 적절히 지적한 것처럼, 과학 연구에 의해서 확립할 수 있는 것은 다음과 같은 조건부 진술이다. 즉, "만일 우리가 아이를 죄책감을 지닌 혼란스러운 영혼이 아니라 행복하고 정서적으로 안정된 창조적 개인으로 키우고자 한다면, 아이를 엄격한 방식이 아니라 너그러운 방식으로 키우는 것이 더 낫다." 조건문의 전건에 동의하는 경우에만, 너그러운 양육이 더 좋다고 결론지을 수 있다. 이와 같은 판단을 '도구적 가치 판단'이라고 하는데, 그 자체로는 가치 판단이 아니며 도구적으로만 가치 판단에 사용될 수 있을 뿐이다. 이와 달리, 그 자체로 가치 판단인 것을 '정언적 가치 판단'이라고 한다. 도구적 가치 판단은 "목표 G를 달성하기 위해 특정한 유형의 행위 M을 수행하는 것이 좋다"는 형태를 띤다. 이는 목표 G를 추구하지 않는 이들에게는 아무런 규범적 힘을 가지지 않는다. 남은 문제는 목표 G를 추구하는 것이 더 나은지, 그 이유는 무엇인지 하는 것이다. 이에 대답하는 것은 '정언적 가치 판단'에 속한다.

정언적 가치 판단은 어떤 사태가 그 자체로 좋거나, 적어도 대안보다 낫다는 판단을 포함한다. 헴펠에 따르면, 과학은 도구적 가치 판단을 입증해줄 수는 있지만, 정언적 가치 판단을 입증해주지는 않는다. 안락사의 경우를 생각해보자. 치료가능성이 낮은 환자의 고통을 경감시키려면 많은 양의 모르핀을 사용해야하지만, 이는 환자의 생명을 연장하는 데에는 좋지 않은 결과를 가져온다고 하자. 이 경우, 다량의 모르핀을 사용해야하는가, 하지 않아야 하는가? 이 물음은 결국 환자의 생명을 연장하는 것과 고통을 경감시키는 것 가운데 무엇이 나은지에 대한 평가에 달려있다. 이에 관한 대답은 경험이나 정당화에 의해서 결정되지 않는다.[1]

과학이 가치 판단을 확립하지는 못하더라도,[2] 가치의 문제에 답하는 데 도움을 줄 수 있다는 점에는 크게 이견이 없을 것이다. 합리적 의사결정 이론은 무엇이 알려져 있는지에 따라서 의사결정 상황을 크게 세 가지로 구분한다. 1) 세계의 상태를 모두 아는 완전한 지식 하에서의 의사결정, 2) 세계의 상태를 확률적으로만 아는 위험 하에서의 의사결정, 3) 완전히 무지한 경우인 불확실성 하에서의 의사결정이다. 우리가 직면하는 대부분의 선택은 완전한 확실성과 완전한 불확실성 사이에 위치하기 때문에, 우리는 특정한 선택을 할 때 어떠한 결과가 나올지 확률적으로 예측하고, 그러한 정보에 기초하여 판단을 내린다. 그러한 정보를 얻는 데에 과학이 중요한 역할을 할 수 있다. 의사결정 이론의 한 유형인, 폰 노이만-모르겐슈타인의 효용 이론을 생각해보자. 이 이론에서는 의사결정자가 판단을 내리기 위해 세 요소가 필요하다. 첫째는 대안적인 선택지들의 집합이고, 둘째는 각 선택지의 결과에 관한 확률적 지식이고, 셋째는 각 결과의 가치이다. 효용 이론에 따르면, 각 선택에 따라 결과가 나타날 확률과 그 결과의 가치를 결합하여, 가장 높은 효용을 산출하는 선택지를 고르는 것이 합리적이다. 예를 들어, 흡연과 비흡연이 선택지로 주어졌을 때, 흡연의 결과 가운데 하나로 폐암의 발병률을 예상할 수 있다. 그렇지만 암이라는 질병에 관한 가치 평가를 내리지 않고서는 흡연에 관한 의사결정이 이루어질 수 없다. 폐암의 해악보다 흡연의 쾌감에 더 높은 가치를 매기는 사람에게는 암 발병률이 큰 역할을 하지 않을 수도 있다. 각 결과의 가치를 평가하는 것은 우리의 몫이고, 가치 판단의 기준은 경험적 방법에 의해 객관적으로 결정되지 않는다. 그럼에도 합리적 의사결정을 위해 사실적 정보를 제공하는 것은 필수불가결하다.

3

안에서 :
과학 안에서 가치는 무엇이고
어떻게 작동하나

과학에 가치가 개입한다는 주장이 그 자체로 특별히 흥미로운 것은 아니다. 어떤 가치가 개입하는지에 따라 해당 주장에 대한 사람들의 의견이 달라질 수 있다. 과학의 가치중립성을 둘러싼 논의가 주로 과학-외적인 가치가 과학의 내적인 과정에 개입하는지 여부에 관심을 가진다는 점에 미루어볼 때, 우리는 과학-외적인 가치와 과학-내적인 가치를 구분하는 데 익숙하다. 이는 과학 활동 내에서 과학을 이끌어가는 몇몇 가치들이 있다는 데 대부분 동의한다는 뜻이다. 흔히, 과학 내의 가치들을 '인식적 가치'로 부르고, 과학-외적인 가치를 '맥락적 가치'라고 부른다(Longino 1990). 인식적 가치 안에는 참, 적합성, 예측의 정확성, 단순성, 정합성 등이 포함될 수 있고, 맥락적 가치에는 통상 정치, 종교, 젠더, 경제적 가치 등이 포함된다.

전통적으로 철학자들은 맥락적 가치가 과학 내부에 개입하는 것에 대해 우려해 왔지만, 인식적 가치는 과학의 추론 과정이나 정당화 과정에서 필요하다고 인정했다. 예를 들어, 논리경험주의자인 헴펠도 과학 활동이 가치 평가를 전제로 이루어지며, 특히 인식적 가치가 개입한다는 점을 주장한 바 있다. 그렇다면, 과학이 가치에 기반한다는 것은 무슨 의미인가? 연구대상에 대한 과학자들의 선호와 선택, 그리고 이에 기초한 그들의 활동은 가치 평가를 전제로 한다는 데 의문의 여지가 없다. 더 흥미로운 문제는 과연 과학 지식이 가치 판단을 전제하는지 여부이다. 이 물음은 다시 두 가지로 해석될 수 있다. 첫째, 과학 지식을 채택하는 근거가 가치 판단을 포함하는가? 이에 대해서 헴펠은 부정적으로 평가한다.

과학적 가설의 수용이나 기각의 근거는 경험적 증거에 의해서만 제공되기 때문에, 여기에는 가치 판단의 역할이 없다. 둘째, 과학적 방법은 가치 판단을 전제하는가? 헴펠은 그렇다고 답한다. 과학적 방법은 '귀납적 위험(inductive risk)'을 안고 있기 때문에 가치 판단이 필요하다.

귀납적 위험이란 무엇인가? 자연법칙은 가용한 증거에 의해 충분한 지지를 받을 수 있지만, 그것이 참을 보장하지는 않는다. 참을 보장하지 않기에 잘못될 가능성이 언제나 존재하며, 그런 의미에서 법칙은 귀납적으로 위험하다. 다시 말해, 법칙이나 가설은 완전한 일반성을 확보하지 못하며, 미래의 증거에 의해 수정되거나 기각될 수도 있다. 귀납적 위험이 가치의 문제와 어떻게 연결되는지 보이기 위해, 헴펠은 과학 이론의 정당화에 관여하는 두 종류의 규칙을 구분한다. 하나는 입증의 규칙이고, 다른 하나는 수용의 규칙이다. 입증의 규칙이란, 주어진 가설에 대해 어떤 증거가 입증하고 반(反)입증하는지 (또는 얼마만큼 강하게 입증하는지) 결정하는 규칙이다. 수용의 규칙이란 가설이 수용되거나 기각되는 조건에 관한 규칙으로, 증거들이 얼마만큼의 지지를 받아야 가설이 수용될 수 있는지를 결정하는 규칙이다. 입증의 문제는 가설과 증거 사이의 논리적 문제이므로 가치가 개입할 여지가 없지만, 수용의 규칙은 일반적인 의사결정 규칙의 특수한 사례로서 가치 판단과 분리될 수 없다.

어떤 가설을 수용하거나 기각하는 선택지가 주어졌을 때, 네 가지 결과가 나올 수 있다. 1) 가설이 채택되고 실제로 참인 경우, 2) 가설이 기각되고 실제로 거짓인 경우, 3) 가설이 채택되었지만 실제로는 거짓인 경우, 4) 가설이 기각되었지만 실제로는 참인 경우이다. 과학이 추구하는 것은 첫 번째와 두 번째 경우이다. 그러나 거짓인 가설을 채택하거나 참인 가설을 배제하는 경우도 있을 수 있다. 헴펠은 이 경우들이 수용의 규칙이 가진 귀납적 위험이라고 보았다. 이러한 귀납적 위험이 늘 존재하기 때문에 가설을 수용할 것인지 기각할 것인지 결정하는 데에는 가치가 개입된다. 과학적 가설을 확립하는 방법이 가치 평가를 전제로 한다는 말은 이러한 의미에서다. 물론, 이때 헴펠이 언급하는 가치는 인식적 가치이지 맥락적 가치는 아니다. 순수과학 연구에서 어떤 가설을 수용할지 기각할지 결정하는 것은 실용적으로 그것이 어떻게 응용될지에 대한 고려와는 무관하게 이루어지며, 금전적 이득이나 손해로 계산될 수도 없다. 신뢰할 만한 예측을 제시하고 폭넓은 설명력을 지니며, 이론적으로 체계화된 지식인지의 여부가 중요한 규칙으로서 작용할 뿐이다. 그러나 혹자는 과학에 무언가 다른 것을 기대할지도 모른다. 만일 과학에 기대하는 것이 정서적 확신이나 심리적 만족감이라면, 완전히 새로운 규칙이 정립되어야 할 것이다.

헴펠도 과학에 인식적 가치가 요구된다는 점을

인정했지만, 과학 활동에서 가치의 역할을 적극적으로 강조한 과학철학자는 바로 토머스 쿤(Thomas S. Kuhn)이다. 쿤은 과학적 변화가 때로는 혁명의 성격을 띤다는 점을 강조하며, 그러한 혁명적 변화가 합리적일 수 있다고 주장했다. 쿤이 이론의 변화가 아니라 과학혁명이라는 용어를 사용한 이유는 그것이 정치혁명과 같은 의미에서 진정한 혁명적 변화라고 주장하기 때문이다. 과학혁명이란 "이전의 패러다임이 그것과 양립불가능한 새로운 패러다임으로, 통째로 혹은 부분적으로 교체되는 비누적적인 발전의 에피소드"이다(Kuhn 1970: 92). 정치혁명이 혁명적인 이유는 그것이 정치제도 밖에서 벌어지는 사건이기 때문이다. 쿤에 따르면, "혁명적 갈등 상황에 놓인 두 당파는 정치적 변화가 평가될 수 있는 제도적 기반에 대해 의견이 다르고, 차이를 조정할 수 있는 공통의 틀을 인정하지 않기 때문에, 결국 대중 설득의 기술에 의존하게 되고, 때로는 폭력을 동반하기도 한다."(Kuhn 1970, 93) 마찬가지로, 과학혁명을 정의하는 패러다임 사이의 변화도 양립불가능한 공동체적 삶의 양식 사이의 선택이다. 경쟁자들이 과학 활동의 전제와 가치들을 공유하지 않기 때문에, 논리와 경험으로 상대를 굴복시킬 수 없다. 동일한 자료를 가지고 동일한 논리 규칙을 사용하더라도 서로 상이한 결론에 도달할 수 있다.

두 패러다임 사이를 중재할 수 있는 중립적인 기준이 없기 때문에, 그래서 과학-외적인 기준에 호소해야 한다는 점에서 과학혁명은 '혁명적'이다. 이때, 과학-외적이라는 것은 정상과학 활동에서 전제로 삼은 기준들을 벗어나는 다른 기준들을 말한다. 쿤은 정상과학 기준으로 패러다임 간의 논쟁을 해결할 수 없다고 주장하는데, 이는 소위 방법론적 공약불가능성 때문이다. 패러다임은 특정한 과학 분야가 해결해야하는 문제가 무엇이고 그것을 해결하는 표준적인 해결책이 무엇인지를 정의한다. 그런데, 서로 패러다임이 다르다면, 무엇이 문제이고 무엇이 해결책인지에 관해 서로 다른 의견을 제출하며 자신의 장점만을 내세울 뿐이다. 특정 패러다임은 자신이 제시한 기준은 잘 만족하지만, 상대의 기준은 만족시키지 못할 가능성이 높다. 예컨대, 화학혁명에 관한 골린스키(Jan Golinski)의 연구에 따르면, 플로지스톤 이론가였던 프리스틀리(Joseph Priestley)와 산소 이론가였던 라부아지에(Antoine Lavoisier)는 화학이 무엇을 추구하는지에 관해 서로 다른 목적을 가졌던 것으로 보인다. 라부아지에는 물리학의 모범을 따라 무게 및 여러 성질들을 정확하게 계량하는 것을 화학의 목표로 삼고자 했지만, 프리스틀리는 이에 동의하지 않았다. 이러한 방법론적 공약불가능성은 패러다임 간 논쟁이 해결되기 어려운 이유를 보여준다.

패러다임 간 논쟁은 논리에 호소해서 종결될 수도 없는데, 어떠한 패러다임도 자신이 정의해놓은 모든 문제를 해결하지 못하기 때문이다. 이는 쿤이 반증주의에 반대하는 이유와 같다. 포퍼는 단 하나의 사례만으로도 이론을 반증하는 것이 가능하다고 주장하지만, 쿤에게 있어 모든 이론은 반증의 바다에 떠있다. 이론과 어긋나는 변칙 사례들은 많지만 이들이 실제로 이론을 반박하지는 않는다고 쿤은 주장한다. 왜냐하면 패러다임에 기반한 정상과학 활동은 당면한 문제 가운데 일부를 푸는 것이지, 모든 문제를 해결하는 것이 아니기 때문이다. 그렇다면 그 가운데 중요한 문제를 해결하는 데에 자원과 노력을 집중하고 사소하고 덜 중요한 문제는 제쳐두어야 한다. 바로 이 지점에서 가치의 문제가 개입한다. 무엇이 풀 만한 가치가 있는지를 판단해야하기 때문이다. 그런데 이 문제에 있어서도 패러다임에 따라 서로 다른 선택이 가능하며, 이는 논리를 통해 해결될 수 없다.

쿤의 과학혁명론은 많은 철학자들로부터 거센 비판을 받았다. 쿤이 서술하고 있는 혁명적 변화가 과학사의 현실이라면, 어떻게 과학자들의 이론 선택이 합리적일 수 있는가? 헝가리 출신의 과학철학자 라카토슈(Imre Lakatos)는 쿤이 묘사하는 과학자들은 정당한 이유 없이 군중심리에 따라 이론들을 옮겨다니는 것 같다고 비판한 바 있다. 비합리주의라는 비판에 대응하면서, 쿤은 자신이 과학의 합리성을 신봉하는 합리주의자임을 자처하고, 그 의미를 명료화하고자 했다. 그는 이미『과학혁명의 구조』에서 다음과 같이 서술한 바 있다. "과학자들은 합리적인 사람들인 까닭에, 여러 가지 논증을 거쳐 결국 많은 과학자들을 설득시킬 것이다. 그러나 그들 모두를 설득할 수 있는 단 하나의 논증은 존재하지 않는다. 실제 일어나는 일은 단일 집단의 개종이라기보다는 전문 분야의 분포에서 전환이 점점 늘어나는 것이다"(Kuhn 1970: 158). 여기에서 쿤은 철학자들이 신봉해왔던 논리의 힘이 아니라 단계적이고 점진적인 분포의 변화를 말하고 있다. 그러한 전환은 어떻게 가능한가? 쿤은 '논리 규칙'에 의한 이론 선택에 대한 대안으로 '가치'에 의한 이론 선택을 제시한다. 과학혁명 시기 과학자들의 행동은 비합리적인 것이 아니라 과거 철학자들이 놓치고 있었던 새로운 의미의 합리성을 보여준다는 것이다.

　　　쿤이 패러다임의 개념을 명료화하는 과정에서 '가치'는 보다 분명한 의미를 지니게 됐다.『과학혁명의 구조』의「후기-1969」에서 쿤은 패러다임 개념의 혼동을 해결하기 위해, 넓은 의미의 패러다임인 전문분야 행렬과 좁은 의미의 패러다임인 범례로 구분을 시도한다. 가치는 전문분야 행렬의 구성요소에 속하며 기호적 일반화, 모형 등과 함께 언급된다. 그런데 가치는 다른 요소들과 달리 패러다임을 가로질러 광범위하게 수용된다는 점에서 독특하다. 과학자들은 세계를 이해하는 데 관심을 가지며 이를 위한 문제 해결의 수와 정확도를 높이는 데 주의를 기울인다. 그러한 가치들을 거부하면 과학자라고 말하기 어렵다. 특히, 과학자들은 정확성, 일관성,

단순성, 넓은 적용범위, 다산성 등의 가치 목록에 동의하는데, 이러한 가치들이 과학의 위기나 패러다임 선택 시에 중요하게 부각된다는 것이다. 철학자들의 주장처럼 논리 규칙에 입각해 이론을 입증하거나 반증하는 방식으로 과학이 작동하지 않고, 오히려 공유된 가치에 입각해 패러다임 선택이 이뤄진다는 것이다. 쿤은 과학혁명기에도 과학자들이 공유된 가치에 따라 판단하므로, 그러한 선택은 합리적이라고 주장한다.

가치의 역할에는 흥미로운 점이 있는데, 집단적 판단에서 과학자 공동체의 '의견 일치'를 뒷받침하지만, 개별적 판단에서 과학자 개인들의 '의견 불일치'도 설명하기 때문이다. 과학자들은 위에서 언급된 가치의 목록에 동의하지만, 실제로 구체적인 상황에 적용할 때에는 각 과학자의 개성과 훈련 등에 따라 서로 다른 판단에 이르기도 한다. 예컨대, 단순한 이론이 좋다는 데에는 모두가 동의하지만, 어떠한 기준을 만족해야 단순한 것인지에 관해서는 서로 다른 의견을 가질 수 있다. 또한, 단순하지 않지만 더 정확한 이론과, 덜 정확하지만 더 단순한 이론 가운데 무엇이 더 좋은 이론인지에 관해서도 과학자들의 판단은 다를 수 있다. 각 가치가 무엇을 의미하는지 해석하는 데 있어서 개인 간 차이가 나타날 수 있을 뿐 아니라 다양한 가치들에 가중치를 매기는 방식에 있어서도 과학자들은 의견을 달리할 수 있다. 즉, 과학자들의 주관적 요소가 과학적 판단에 개입하는 가운데 이론 선택이 이뤄지는 것이지, 알고리즘적 규칙에 따라 결정되는 것은 아니다.

쿤이 주장하는 가치에 의한 이론 선택은 일종의 연성 합리성 이론으로 볼 수 있다. 가치나 주관성의 역할을 인정하지 않는 엄격한 합리성 이론의 대안으로 간주될 수 있다. 물론 과학에 개인들의 주관적 가치가 개입된다면 어떻게 과학자들의 의견 일치를 설명할 수 있느냐는 비판도 가능하다. 하지만 적어도 가치의 목록에 동의한 집단과 그렇지 않은 집단이 내놓는 판단에는 상당한 차이가 있을 수밖에 없다. 일상생활에서도 우리는 특정한 가치를 공유한다고 해서 반드시 동일한 방식으로 적용하지는 않는다. 그럼에도 가치를 공유하는 집단은, 그에 속한 개인들 간의 차이에도 불구하고, 특정한 방향으로 움직일 수 있다. 이는 과학자 사회도 마찬가지이다. 게다가, 쿤은 가치의 주관성이 가진 장점에 관해서도 언급한다. 개인들이 조금씩 다른 선택을 하는 것이 과학 활동의 연속성을 위해서 장기적으로 유리하다는 것이다. 패러다임 선택에는 불확실성이 내재하기 마련이다. 모든 사람이 반증사례가 나올 때마다 기존 이론을 포기해도 곤란하고, 그렇다고 매번 새로운 이론 후보를 무시해서도 안 된다. 일부는 새로운 것을 추구하고 일부는 기존 관행을 유지하는 식으로, '배를 나누어 타는 것'이 위험을 분산시킬 수 있고, 장기적 성공을 위해서도 바람직하다는 것이다.

4
안으로 :
바깥세상의 가치가
과학에 개입해도 되는가

이제 과학 밖에서 과학 안으로 개입해 들어오는 가치에 관해 논의해보자. 소위 과학의 가치중립성을 둘러싼 논쟁은 과학에 개입하는 과학-외적 가치에 관한 것이다. 근대 과학은 300~400년 정도밖에 되지 않을 정도로 역사가 길지 않은데, 그럼에도 이렇게 성공적일 수 있었던 이유가 무엇인지에 철학자들은 많은 관심을 가져왔다. 철학자들은 과학의 인식론적, 방법론적 특성들에 주목하며 과학의 성공을 설명하지만, 그에 못지않게 과학 외적인 사회적 이유도 중요하다. 말하자면, '과학의 사회계약'으로 부를 수 있는 과학과 사회의 관계에 관한 암묵적인 합의가 과학의 발전을 뒷받침해왔다는 것이다.

과학의 사회계약이란 과학혁명기를 거치면서 형성된 과학의 사회적 역할에 대한 이념으로서, 이에 따르면 과학은 사회에서 공인된 지식을 생산하고 확장하는 기능을 수행한다. 과학이 세계에 관한 믿을 만한 지식을 만들어 내고, 그러한 지식 생산에 있어서 권위를 가지기 위해서는, 과학 공동체가 다른 사회적 가치의 개입 없이 자율적으로 지식을 생산해야 한다. 사회는 과학에게 상당한 수준의 자율성을 부여하고, 과학은 믿을 만한 지식을 제공하며 이를 통해 지식에 관한 사회적 권위를 얻는 식이다. 이에 따르면, 과학의 가치중립성이라는 이념은 근대 과학의 사회계약에서 핵심적인 부분이다. 그러나 과학의 가치중립성에 관해서는 여러 의문이 제기된다. 우리는 역사 속의 과학들이 실제로 가치중립적이었는지를 의심해 볼 수 있다. 좋은 과학은 실제로 가치중립적이어야 하는지 규범적인 물음을 던질 수도 있고, 이와 연관해 과학이 가치와 결부되면 과학의 합리성이나 객관성은 훼손되는지를 물을 수도 있다.

과학의 역사에서 과학-외적 가치가 개입했던 사례들을 찾기란 어렵지 않다. 우리는 우생학, 독일에서 유대인 과학의 축출, 리센코 생물학이 끼친 해악 등 역사적 사례들을 통해 과학에 가치가 개입되었을 때 생길 수 있는 위험성에 관해서 이미 많이 알고 있다. 과학-외적 가치의 개입으로 인해 과학이 타락할 수 있는 가능성은 충분히 지적된 셈이다. 그런데 가치가 개입되면 과학은 무조건 타락하는가? 가치중립적인 과학이 과연 좋은 과학인가? 이는 역사적 사실에 의해서만 결정될 수 없는 다른 성격의 문제들이다.

찰스 다윈의 자연선택 이론이 빅토리아 시대의 사회적 환경으로부터 많은 영향을 받았다는 것은 잘 알려져 있다. 산업혁명이 절정에 달하고 제국주의 식민경쟁을 향해 질주하던 빅토리아 시대 사람들의 생존경쟁과 자연 속에서 생명체들의 생존경쟁은 분명 닮아 있는 것 같다. 흥미롭게도, 다윈에 대한 마르크스와 엥겔스의 평가는 상당한 차이를 보인다. 마르크스는 "노동 분업, 경쟁, 새로운 시장의 개척, 발명, 맬서스의 생존 투쟁이라는 요소가 들어있는 영국 사회를, 다윈이 동물과 식물 세계에서 보았다는 것은 경이롭다"고 긍정적으로 평가한다. 하지만 엥겔스는 "생존 투쟁에 대한 전반적인 다윈의 이론은 홉스의 '만인의 만인에 대한 투쟁'이나 경쟁에 대한 부르주아 경제 이론, 맬서스의 인구론 등을 인간 사회로부터 생명 세계로 대치한 것에 불과하다"고 평가절하한다. 그러나 사실 두 사람은 다윈이 빅토리아 시대의 치열한 경쟁을 생물학에 대입했다는 점에 동의한 것이다. 다만, 마르크스는 그것을 긍정적으로 보았던 반면, 엥겔스는 그렇지 않았던 것이다.

다윈이 자본주의라는 안경을 쓰고 생명 세계를 바라보았다는 것은 부정할 수 없지만, 문제는 그러한 안경이 (혹은 그렇게 안경을 쓰고 세계를 보는 것이) 나쁜가 하는 점이다. 특정한 안경을 썼기 때문에 다윈의 이론을 거부해야한다고 말할 수는 없다. 오히려, 많은 경우 특정한 안경은 사물을 더 자세히 보는 데에 도움이 된다. 만일 자연 세계와 자본주의 시장의 현상이 전혀 다르다면 다윈의 이론을 비판할 수 있겠지만, 그것은 별도의 논증이 필요한 문제이다. 실제로 자연 세계와 자본주의 시장에는 유사성이 있다. 문제는 다윈이 부르주아 사상에 영향을 받아 이론을 제안하게 되었는지 여부가 아니라, 그 사상이 세계를 밝혀내는 데 도움이 주었는가 아니면 왜곡했는가 하는 것이다. 반대로, 마르크스주의의 영향을 받은 생물학 이론도 존재한다. 바로 생명체의 능동적 역할을 강조하는 니치 구성 이론(Niche construction theory)이다. 이 이론에서는 환경과 개체의 변증법적 상호작용을 강조하는데, 이는 마르크스주의의 영향으로 볼 수 있다. 이처럼 하나의 이론이 제안되는 과정에서 어떤 사회적 배경의 영향을 받았는가에 우리가 관심을 가질 수는 있지만, 그것만으로 이론 자체를 평가절하하거나 나쁜 것으로 단정 지을 수는 없다.

　　　　일부 철학자들은 과학에서 내적 가치인 인식적 가치뿐 아니라 사회적인 맥락적 가치의 역할도 인정한다. 철학자 론지노(Helen Longino)는 맥락적 가치가 세 가지 역할을 할 수 있음을 주장한 바 있다(Longino 1990). 첫째, 채널링(channeling) 효과로서 어떤 문제의 해결에서 무엇을 우선적으로 추구할 것인지를 결정해야 할 경우, 인식적 가치뿐 아니라 비인식적 가치들도 개입할 수 있다. 예를 들어, 국가의 재정 지원에 따라서 특정한 분야는 더 빠르게 발전하고 다른 분야는 더디게 발전할 수 있다. 둘째, 과학 지식이 사회에서 사용되거나 기술적으로 응용될 때, 비인식적 가치가 고려되어야 한다. 기술의 사용이 사회적으로 바람직한지 등에 관한 판단이 필요하기 때문이다. 셋째, 어떠한 방법론을 채택할 것인지를 결정할 때 맥락적 가치가 개입할 수 있는데, 특히 비인식적 가치는 활용 가능한 방법론의 범위에 제한을 가할 수 있다. 예를 들어, 역학 연구에서 인과 주장을 확립하기 위해 요구되는 표준적인 절차는 무작위 대조시험(Randomized Controlled Experiments)이다. 그러나 이러한 표준이 언제나 적용될 수 있는 것은 아니며, 특히 인간 피험자를 대상으로 실험 연구를 할 때에는 많은 제약이 따른다. 흡연의 위해성을 입증하기 위해서 무작위 대조시험을 수행할 경우를 생각해보자. 일부는 흡연을 하도록 일부는 금연을 하도록 강제해야 하는데, 이는 윤리적으로 가능하지 않다. 이 경우, 인간의 건강 증진이라는 보편적 가치가 의생명과학의 방법론 선택에 제약을 가한다고 볼 수 있다.

여성주의 과학철학에서는 가치가 과학의 방법을 제약하는 것을 넘어, 과학의 내용과 추론 과정에도 개입할 수 있음을 여러 사례 연구들을 통해 논증하고 있다. 예컨대, 19세기에는 지능의 성차에 대해 다양한 생물학 이론들이 제안되었는데, 대부분의 이론들은 동일한 전제에서 출발했다. 여성은 남성보다 지능이 낮고, 이는 남성과 여성의 생물학적 차이에서 기인한다는 것이다. 이런 전제를 공유한 가운데, 생물학자들은 다양한 가설들을 제안했다. 두뇌의 크기가 크면 지능이 더 높다는 가설이 제안되었으나, 그렇다면 인간보다 코끼리가 더 지능이 높지 않겠느냐는 반론에 부딪혔다. 신체에 대한 두뇌의 질량비가 더 높으면 지능이 높다는 가설은, 여성이 해당 비가 더 높아 기각됐다. 그 외에도 다양한 이론들이 제안되고 차례로 기각되었지만, 대부분의 가설들은 여성의 지능은 열등하며, 이는 생물학적으로 결정됐다는 전제에서 출발했기 때문에, 젠더-편향된 가설들이었다.

철학자 로이드(Elizabeth Lloyd)는 여성의 오르가즘에 관한 논의에서도 유사한 유형의 편향을 발견한다(Lloyd 2006). 생명체의 기관들은 통상 고유한 기능을 가지지만, 여성의 오르가즘은 그 기능이 분명치 않다. 물론 모든 생물기관이 다 고유한 기능을 가진다는 뜻은 아니다. 심장과 같이 적응적 기능을 가진 기관도 있지만, 남성의 젖꼭지와 같이 진화의 부수효과로 갖게 된 기관도 존재한다. 그런데 많은 연구들은 여성의 오르가즘이 기능을 가진다고 가정하고, 남성의 경우에 빗대어 오르가즘의 기능을 추론한다는 것이다. 예컨대, 오르가즘의 기능은 성관계 시 즐거움을 주는 것이며, 이러한 즐거움은 활발한 성관계와 생식 활동을 촉진한다는 가설을 생각해볼 수 있다. 그러나 이러한 가설은 애당초 연구의 관심이 성관계의 쾌락이 아니라 오르가즘이라는 구체적인 상태의 기능이 무엇인가에 있었다는 점을 간과하고 있다. 그보다 그럴 듯한 가설은 남성의 젖꼭지처럼, 여성 오르가즘은 생존이나 번식과 연관된 기능이 없는, 남성 오르가즘을 가능케 하는 생리적 구조의 진화적 부수효과라고 보는 것이다. 이를 둘러싼 논쟁은 여전히 진행 중으로 양쪽이 어느 정도의 증거를 가지고 있기에, 당장 섣불리 결론 내기는 어렵다. 문제는 여성 오르가즘의 기능을 주장하는 많은 연구들이 남성의 신체 구조에 어울리는 이야기를 여성에게 그대로 투사한다는 점이다.

　　　　과학 연구는 엄격한 방법론에 의해서 객관적으로 평가되는데, 어떻게 증거에 의해 지지받는 이론들이 가치에 의해서 편향될 수 있는가? 이를 따져보기 위해 철학자 오크룰릭(Kathleen Okruhlik)의 분석을 살펴보자(Okruhlik 1994). 먼저, 이론을 제안하는 과정과 이론을 평가하는 과정이 분리될 수 있다고 가정하자. 두 과정을 분리하는 데에는 큰 이견이 없을 것이다. 과학의 방법론을 신봉하는 사람들은, 이론이란 어떠한 경위를 통해 제안되더라도 엄격한 논리적 방법에 의해 평가하면 객관성을 획득할 수 있다고 주장할 것이다. 그러나 오크룰릭은 이론 평가와 관련해 과학적 방법이 사회적 가치에 오염되지 않고 적용될 수 있다고 하더라도, 과학의 내용에서 사회적 영향을 분리시킬 수는 없다고 본다. 왜냐하면 다양한 사회적 가치들이 이론 생성 과정에 개입할 수 있기 때문이다. 이론을 제안하는 과정에서 가치들이 개입하더라도,

객관적인 평가 과정을 거치면 제거할 수 있지 않을까? 왜 그렇지 않은지에 대해서는 쿤과 그 이후 역사주의 과학철학자들의 통찰을 참고할 수 있다. 역사주의적 통찰의 중요한 부분은 이론이 선택되는 과정이 절대 평가가 아니라 상대 평가라는 점을 밝힌 것이다. 이론 선택은 증거와 가설을 일대일로 맞추어보는 논리적 과정이 아니라, 현존하는 소수의 대안들을 비교하면서 그 가운데 하나를 선택하는 일이다. 이론 선택은 결국 비교하는 작업이기 때문에, 모든 선택지가 사회적 요인의 영향을 받는다면 객관적 방법으로도 그것을 제거할 수는 없다. 19세기 지능의 성차를 밝히려고 했던 해부학 연구 사례에서 보듯, 다양한 가설들이 제기되고 그것을 기각하는 과정 자체는 과학적으로 이뤄졌더라도, 이론 생성 과정에서 이미 가치가 개입되어 있었다면 결국 배제되지 않는 특정한 가치가 남아있을 수 있다.

　　　이론 생성 과정에서 여러 가치들이 개입할 수 있고, 이론 평가 과정에서도 가치를 완전히 걸러낼 수 없다면, 과학은 어떻게 객관성을 획득할 수 있는가? 혹자는 현행 방법론을 더 엄격하게 적용하면 문제가 해결될 것이라고 생각할지 모른다. 그러나 이러한 접근 방식은 사회적 요인들이 인식론적 중요성을 갖는다는 점을 충분히 고려하지 못하고 있다. 사회관계에 의해 발생하는 편향을 제거할 수 있는 새로운 방법론을 개발할 필요가 있다. 이를 위해 우리는 과학적 합리성을 개인이 아니라 공동체 수준에서 포착해야한다. 개인 수준의 다양성을 포용함으로써 우리는 공동체 수준의 합리성을 높일 수 있다. 즉, 다양한 배경과 신념을 가진 사람들이 참여하여 여러 가지 가치를 대변할 수 있다면, 이론 생성 과정에서의 편향을 교정할 수 있다. 여러 사람이 자신의 사회문화적 배경을 바탕으로 가설들을 제안하도록 허용하는 것은 과학 내적 인식적 가치를 배제하는 것이 아니라, 오히려 가치의 다양성을 포섭하는 것이다. 이것이 결과적으로는 특정 가치에 의한 편향을 배제하는 효과를 낼 수 있다.

5
과학의 사회계약,
갱신해야 할 때?

최근 몇몇 연구자들은 과학의 가치중립성 이념을 다시 생각해봐야 하는 상황이 도래했다고 주장한다. 무엇보다 과학 관련 정책을 결정하는 과정에서 정책조언자로서 과학자들의 역할이 커지고 있기 때문이다. 전통적으로 정책결정 과정에서 과학의 역할은 사실에 관한 정보 제공으로 국한되어 있었다. 무엇이 사실인지, 그것이 사실이라는 점은 얼마나 좋은 증거에 의해서 뒷받침되는지를 진술하는 것이 과학의 역할이었다. 그러나, 최근 과학기술 관련 정책들을 다루는 다양한 위원회에 정책조언자로 참여하는 과학자들이 많아지면서, 그들의 역할도 과학적 정보 제공이나 사실 판정을 넘어 점점 더 복잡해지고 있다.

소위 '세 부모 논쟁'을 생각해보자. 유전 질환을 보유한 친모가 자신의 질환을 자녀에게 물려주지 않기 위해 새로운 유전기술의 도움을 받아 출산했다. 미토콘드리아를 이식하는 이 기술에 따르면, 먼저 미토콘드리아 DNA 결함을 지닌 친모 난자에서 핵만 빼내고, 정상 미토콘드리아를 가진 난자 제공자의 난자에서 핵을 제거한 후, 친모 난자에서 빼낸 핵을 난자 제공자의 난자에 주입하고, 이를 친부의 정자와 수정한다. 이렇게 태어난 아이는 세 부모의 유전자를 보유하게 된다. 2011년 2월 영국의 인간생식배아관리국(Human Fertilisation and Embryology Authority, HFEA)은 '미토콘드리아 이식의 효과성과 안전성에 관한 전문가 의견'을 구하기 위해 과학적 리뷰를 요청했다. 이 경우, 과학자들이 요청받은 것은, 해당 기술이 불러올 수 있는 윤리적 문제와는 별개로, 기술의 안전성에 관한 정보만을 제공하는 것이었다. 해당 기술을 허용할 것인지에 관한 의견은 요청 사항에 포함되어 있지 않았다.

　　　　이 사례는 과학기술과 관련된 전통적인 의사결정에서의 노동 분업을 보여주며, 이러한 노동 분업은 민주사회에서 책임 분배의 문제와 연결되어 있다. 정책을 결정하는 이들은 민주적 절차에 따라 선출된 권력이거나 그 권력을 위임받은 집단이다. 선출된 권력이 아닌 과학자들은 과학적 탐구를 통해 도출된 증거를 객관적으로 제시하는 기능에 그친다. 과학자들이 제시한 증거에 대한 평가와 최종적 의사결정은 이해관련자들과 권력을 위임받은 사람들이 내린다. 과학은 가치중립적이어야 하기 때문에, 최종적 정책결정은 선출된 대표자들이 다양한 이해관계와 객관적 증거를 결합함으로써 내린다. 이러한 전통적인 이미지는 과학의 객관성이 과학의 가치중립성을 함축한다는 것을 전제로 한다. 하지만 과학에는 가치가 어떤 식으로든 개입할 수밖에 없다는 것을 우리는 앞에서 살펴보았다. 가치에 중립적이지 않은 과학이 세계에 관한 사실을 제공하지 못하는 나쁜 과학이 되는 것도 아니고, 정책입안자들에게 현명한 조언을 제공할 수 없는 것도 아니다. 그렇다면 과학의 사회계약에 대한 갱신을 고민해야 할 시점이다. 특히, 무엇이 "충분히 좋은 증거인가"를 묻게 될 때, 우리는 가치의 문제를 우회할 수 없다.

　　　　어떤 음식의 유해성에 관한 물음을 생각해보자. 친구에게 케이크를 선물했더니, 그 친구가 혹시 견과류가 들어있냐고 물었다고 해보자. 만일 그가 심한 견과류 알레르기가 있어 조금만 섭취해도 치명적 결과가 초래될 수 있다면, 우리는 확실한 답변을 위해 더 많은 증거를 수집해야할 것이다. 그런데, 그 물음의 맥락이 단순한 궁금증이거나 견과류에 대한 호불호의 문제라면, 그 정도의 증거 수집은 필요하지 않을 것이다. 더 나아가 기후 변화에 대한 질문을 생각해보자. 지구온난화가 실제로 발생하고 있고 인류의 활동이 주된 원인을 제공했다는 가설에 관해, 회의론자들은 통제된 실험연구에서 요구되는 수준의 증거가 결여됐다고 비판할지도 모른다. 지구온난화의 인류기원설을 채택하기 위해선 얼마만큼의 증거가 있어야 충분한가. 좋은 증거의 기준은 탐구의 맥락에 따라 달라질 수 있다. 복잡계를 다루는 경우, 실험실 과학에 적용되는 수준의 증거를 요구한다면 우리는 좋은 증거를 찾지 못할 수도 있다. 충분히 좋은 증거란 어느 정도 수준이어야 하는지를 물을 때, 우리는 다시 가치의 문제에 직면하게 된다.

가치의 개입이 과학의 객관성을 훼손하지 않을 수 있다면, 과학의 가치중립 이상을 넘어 우리는 가치포괄적 과학이나 가치지향적 과학도 진지하게 고려할 수 있다. 가치중립적 과학의 옹호자들은 가치 평가를 전적으로 과학의 사용자들에게 위임해왔다. 하지만 과학 안에 가치가 개입할 수밖에 없다면, 가치포괄적 과학은 더 다양한 가치들을 반영하고 그것들이 비판적으로 상호작용하게 함으로써 결과적으로 특정 가치로의 편향을 배제할 수 있다고 제안한다. 가치지향적 과학은 보편적으로 인정되는 인권·환경·건강의 증진과 같은 가치를 지향하는 방식으로 과학 활동을 수행할 것을 제안한다.

함께 생각해 볼 문제

1

과학이 밝혀내는 사실들과 과학의 연구방법론은 무엇이 옳고 그른지, 무엇이 좋고 나쁜지를 결정할 수 있을까? 만일 그렇다면, 그것이 어떻게 가능한지 구체적으로 생각해보자. 만일 그렇지 않다면, 과학이 그러한 가치 평가를 확립하는 데 어떠한 기여를 할 수 있는지 생각해보자.

2

과학에 여러 종류의 인식적 가치들이 개입한다는 데에는 광범위한 합의가 존재한다. 정확성·일관성·생산성 등의 가치들을 통해 과학 활동을 파악하는 것은 과학의 이론 평가를 논리적인 과정으로 파악하는 것과 어떻게 다른가?

3

일부 철학자들은 과학의 가치중립 이상을 부정하면서도,
가치의존성이 과학의 객관성을 훼손하지 않는다고 주장한다. 과학의
객관성을 보존할 수 있다면, 가치의 개입을 구태여 회피할 필요는
없다는 입장이다. 가치의 개입과 객관성은 어떻게 양립할 수 있을까?
아니면 그조차 또 다른 이상에 불과한가?

1

과학이 정언적 가치 판단의 기초를
제공하지 못한다면, 무엇이 그러한
무조건적 가치 판단의 원천이 될 수 있는지
질문이 제기될 수 있다. 이는 철학의 근본
문제 가운데 하나를 제기하며, 이 글의
범위를 훨씬 넘는다. 이 물음에 관한 헴펠
자신의 견해를 간략히 소개하면 다음과
같다. 우선, 이 물음은 두 가지로 이해될
수 있다. 첫 번째로, 이는 우리가 어디에서
가치들을 획득하는지에 관한 '실천적인
물음'으로 이해될 수 있다. 이 경우라면
우리는 대부분 우리가 속한 사회로부터
가치들을 얻는다고 할 수 있다. 어떠한
대안이 있을 수 있는지 상세한 검토 없이,
그러한 가치들에 대한 심각한 의문을
제기하지 않은 채로, 그 가치들을 채택하고
그에 따라 행동하는 경우가 많다는
것이다. 그런데 두 번째로 그 물음이,
"다른 가치들을 정초할 수 있는 근본적인
가치 체계를 어디에서 찾아야하는가?"와
같은 '철학적 물음'이라면, 헴펠은
적극적인 답변을 회피한다. 어떤 가치
판단은 더 근본적인 가치 판단으로부터
정당화되겠지만, 결국 어떤 가치 판단은

더 이상 정당화 없이 채택되어야 하기
때문이다. 헴펠이 볼 때, 이는 기하학에서
증명 없이 공준을 채택하는 것과 다르지
않다. 그렇다면 모든 가치 평가를
정당화하라는 것은 정당화의 논리에
비추어 볼 때 지나친 요구이다.

2

도덕적 사실이 존재하는지, 그렇다면
도덕적 사실은 (과학을 통해 밝혀질 수
있는) 다른 종류의 사실과 어떤 관련을
맺는지는 메타윤리학의 핵심 질문이다.
또한, 진화론을 통해 도덕의 기원을
해명하려는 시도들도 존재한다. 따라서
궁극적으로 과학이 밝혀낼 수 있는
사실들에 의해 가치가 정초될 가능성을
애초에 부정할 필요는 없다. 그러나 현대
과학의 내용과 방법이 구체적인 가치
판단들을 확립할 수 없다는 것이 헴펠의
주장이다.

Dougals, H. 2009. *Science, Policy, and the Value-Free Ideal.* University of Pittsburgh Press.

Kuhn, T. 1962/1970. *The Structure of Scientific Revolutions.* Chicago: University of Chicago Press.

Golinski, J. 1995. "'The nicety of experiment': Precision of measurement and precision of reasoning in late eighteenth-century chemistry." in M. Norton Wise. ed. *The Values of Precision* (Princeton: Princeton University Press, 1995). pp.72~91.

Hempel. 1965. "Science and Human Values", In *Aspects of Scientific Explanation and Other Essays in the Philosophy of Science.* The Free Press. pp.81~96.

Lloyd, E. 2006. *The Case of the Female Orgasm: Bias in the Science of Evolution.* Cambridge: Harvard University Press.

Longino, H. 1990. *Science as Social Knowledge.* Princeton: Princeton University Press.

Okruhlik, K. 1994. "Gender and the biological sciences". *Canadian Journal of Philosophy* 24. pp.21~42.

Popper, K. 1934/1959. *The Logic of Scientific Discovery.* London and New York: Routledge; original published in German in 1934; first English translation in 1959.

Proctor, R. 2012. *Golden Holocaust: Origins of the Cigarette Catastrophe and the Case for Abolition.* University of Californian Press.

Reichenbach, H. 1938. *Experience and Prediction. An Analysis of the Foundations and the Structure of Knowledge.* Chicago: The University of Chicago Press.

홍성욱

과학의 가치와 민주주의의 가치

"우리에게는 물이 새는 배를 수리하기 위해
정착할 항구가 없다. 우리는 항해를 하면서 물이
새는 배를 고쳐야 한다. 과학과 민주주의의의
관계도 마찬가지다. 기후위기의 심화는
과학과 민주주의의 관계를 다시 고민하게
만드는 계기다. 지금의 전 지구적 환경위기를
조금이라도 늦추기 위해서는 과학과 민주주의,
특히 이 둘의 관계가 더 가까워지고
더 강화되어야 하기 때문이다."

홍성욱

서울대 과학학과 교수. 과학사에서부터 과학기술사를 거쳐 '과학기술과 사회'를 포함하는
과학기술학으로 연구 영역을 넓혀서 포스트휴먼 시대의 테크노사이언스와 사회와의 관계를
연구하고 있다. 서울대 물리학과를 졸업하고 동 대학원 과학사 및 과학철학 협동과정에서
석사ㆍ박사학위를 받았다. 캐나다 토론토대 교수를 역임했으며, 2003년부터 서울대에서
가르치고 있다. 저서에 『실험실의 진화』 『홍성욱의 STS, 과학을 경청하다』 등이 있고, 공저에
『마스크 파노라마』 『4차 산업혁명이라는 유령』 등이 있다.

1

민주주의 지수와
노벨 과학상 수상 국가

경제 주간지 〈이코노미스트〉에서는 매년 전 세계 165개국의 '민주주의 지수(Democracy Index)'를 조사해서 발표한다. 여기에서는 선거 과정과 그 다원성, 정부의 기능성, 정치 참여도, 정치 문화, 시민 자유라는 다섯 개 항목에 각 10점 만점의 평점을 부여, 평균을 내는 방식으로 165개국의 순위를 정한다. 나라들은 점수에 따라 1) 완전한 민주주의, 2) 결함이 있는 민주주의, 3) 혼합된 (민주주의와 권위주의의) 체제, 4) 권위주의 체제라는 4가지 군(群) 중 하나에 속한다. 최근 몇 년간 노르웨이가 9.7이 넘는 점수로 매년 1위를 고수하고, 뉴질랜드, 핀란드, 스웨덴, 아이슬란드, 덴마크 등이 뒤를 잇는다. 한국은 2019년까지 2군에 속하다가, 2020년 이후 1군, 즉 완전한 민

주주의 국가로 상승했다. 민주주의의 수호자 역할을 자임하는 미국은 놀랍게도 최근 항상 2군이다.[1]

과학과 민주주의가 정비례할까? 노벨 과학상 수상을 보면 1위가 미국, 2위가 영국, 3위가 독일, 4위가 프랑스, 5위가 일본과 러시아 등이다. 민주주의 지수를 볼 때 미국은 2군에, 러시아는 권위주의 체제인 4군에 속해 있다. 지금 과학 패권을 놓고 미국과 경쟁하는 중국이 (비록 노벨 과학상은 적지만) 민주주의 국가가 아님은 분명하다. 사실 일본의 민주주의 지수도 우리와 비슷한 형편으로, 줄곧 2군에 있다가 얼마 전에야 1군으로 상승했다. 노벨상을 많이 받은 프랑스도 민주주의 지수만 보면 대한민국보다 낮다. 역사적으로 봐도 권위주의 체제에서 과학이 발전한 경우가 드물지 않은데, 멀리 볼 것도 없이 1970년대 박정희 정권, 1980년대 전두환-노태우 정권에서도 한국 과학은 비약적으로 발전했다.

그렇다면 과학과 민주주의는 별반 관련이 없는 것일까? 과학자 중에서 과학이 민주주의와 무관하다고 하는 사람들이 있다. 이들은 과학이 진리를 선택하는 게임이지, 민주적인 방식인 다수결로 옳고 그름을 결정하지 않는다고 한다. 자주 인용되는 사례가 갈릴레오이다. 당시 막강한 권력을 가진 교회가, 그리고 과학자와 철학자들 대부분이 갈릴레오 한 사람이 주장한 지동설에 반대했지만, 결국에는 갈릴레오가 승리했다. "과학은 다수결로 발전하지 않는다"는 주장은 과학과 민주주의가 직접적인 관련이 없다는 더 강한 주장으로 매끄럽게 이어진다.

그렇지만 이 글에서 다루려는 문제는 과학이 민주적인 사회에서 발전하는가, 혹은 과학이 다수결이라는 절차와 관련성이 있는가 여부에 관한 것이 아니다. 이 글은 책의 주제이기도 한 '가치'에 초점이 맞춰져 있다. 즉, 과학의 가치와 민주주의의 가치[2]가 공명하는 관계에 있느냐, 혹은 아니냐는 것이다. 과학이 권위주의 사회에서 발전하는 경우가 있다고 해도, 과학의 가치와 민주주의의 가치가 공명한다면 그런 권위주의 체제 하에서 과학의 발전은 오래 지속되기 힘들다고 예상해 볼 수 있다. 또 비민주적이고 독재적인 국가가 노벨상을 독점할 날이 오기도 힘들 것이다. 과학과 민주주의의 가치가 공명한다면, 한 사회의 민주주의를 고양하기 위해서 과학의 정신을 잘 교육하는 것이 도움이 될 수도 있다. 가치의 문제에 주목하는 것은 과학과 민주주의 사회의 관계에 관한 논의의 뿌리를 찾아보겠다는 얘기다. 이를 위해 우선 과학과 민주주의 가치에 대해서 논한 몇몇 사상가들의 논의를 따라가 보자.

2
과학과 민주주의 :
정치철학에서 과학사회학으로

미국의 대표적 실용주의 철학자 존 듀이(John Dewey)는 1937
년에 출판한 「민주주의와 교육 행정(Democracy and Educational
Administration)」이라는 짧은 논문에서 과학과 민주주의의 밀접
한 관련성을 제시했다. 그가 정의한 민주주의는 '보편선거, 보
궐선거, 정치적 권력을 가진 사람들이 유권자들에게 책임을
지는 것, 그리고 민주적 정부의 다른 요소들'로 구성된 것이었
다(Dewey 1937). 그는 이런 요소들이 과학, 특히 과학 교육과
밀접하게 연결되어 있다고 보았다. 그런데 보편선거와 같은
민주주의의 핵심 요소들이 과학과 무슨 관련이 있을까?

　　　　듀이는 인간을 구성하는 요소 중에 세상에 대한
경험이 가장 중요하다고 간주했던 사람이다. 그런데 인간의
경험은 수동적인 것이 아니라, 세상을 만들고 좋은 것으로 바
꿔 나가는 능동적인 것을 의미한다. 이런 능동적인 경험은 과
학에서 강조하는 실험적 방법과 상당히 비슷하다고 할 수 있
다. 따라서 그는 실험적 방법을 교육하고 이용하는 과학이 인

간의 경험을 훨씬 더 풍부하게 만든다고 해석했다. 과학의 내용을 깊게 살펴보면 과학에는 정직, 근면, 절제, 정의, 건강, 배움 같은 요소가 다 포함되어 있고, 이런 요소는 민주주의를 실천하는 시민의 덕성과 다르지 않다는 것이다. 이런 경험을 가진 사람들이 모이고 연결된 사회는 한 명의 정치인이 (비록 그가 매우 똑똑하다고 해도) 통치할 수 없다. 사람들의 집합적인 경험이 정치인 한 명의 경험보다 더 크고 더 훌륭하기 때문이다. 따라서 가장 좋은 통치체계는 다수가 통치하는 민주주의가 되는 것이었다(ibid).

여기서 더 나아가 듀이는 과학적 방법이 직접 정치에 응용될 수 있다고 생각했다. 그 근거는 과학 실험의 방법이 민주주의의 이상과 공유하는 부분이 있기 때문이었다. 예를 들어, 공민적(civic) 영역에서 펼쳐지는 정책은 도그마가 아니라 가설 비슷한 것으로 간주되는 게 바람직했다. 그래야 정책의 실행이 계속 관찰되고 관찰 결과에 따라서 보완되거나 수정될 수 있기 때문이었다. 이렇게 보면 민주주의적 정책 실행이 실험 과학의 영역에서 지식이 증진되는 방식과 정확히 일치했고, 결과적으로 과학에 대한 이해와 응용이 민주주의를 증진할 수 있었다(ibid). 듀이는 실험적 방법의 교육과 그 방법론이 민주주의 정치체제나 행정의 작동 방식과 유사하다고 생각했던 것이다. 이렇게 과학과 민주주의의 관련에 관한 관심은 정치철학의 영역에서 시작했다.

이런 관심은 1930~40년대에 과학사회학(socio-logy of science)이라는 분야를 학문적으로 정립한 로버트 머튼(Robert Merton)에 의해 계승됐다. '과학사회학의 아버지'라 불리는 머튼은 보편주의, 공유주의, 이해중립성, 조직화된 회의주의라는 과학의 4가지 규범을 제시했고, 이 규범들이 합쳐져서 과학의 에토스(ethos)를 만든다고 보았다. 보편주의는 과학 지식이 보편적 성격을 갖는다는 것이며, 공유주의는 과학의 결과가 대가 없이 자유롭게 공유될 수 있다는 것이다. 이해중립성은 과학자가 진리를 발견하는 것 외에 다른 사적인 동기(경제적 부나 노벨상 같은 명예) 없이 자연을 탐구한다는 것이며, 조직화된 회의주의는 과학의 방법론이 기존의 권위나 잘 확립된 지식에 대해서 항상 회의하고 도전한다는 것이다.

머튼이 제시한 과학의 4가지 규범과 과학의 에토스라는 개념은 유명해졌지만, 이 개념을 처음 제시한 논문의 원래 제목이 「민주적 질서에서 과학과 기술에 대한 단상(A Note on Science and Technology in a Democratic Order, 1942)」이라는 사실은 널리 알려지지 않았다. 머튼은 나치즘과 같이 유럽에서 부상하고 있던 전체주의에 대한 비판으로 이 논문을 썼고, 논문의 핵심 주장은 과학이 민주적인 사회에서만 지속적으로 발전할 수 있다는 것이었다. 나치즘이 장악한 독일에서는 정부가 과학자들을 동원해 유대인의 과학을 비판하고 독일 과학의 우수성을 주창하는 아리안 과학(Aryan science) 같은 위험한 시도를 하고 있었는데, 이러한 정치적 시도는 과학을 장기적으로 발전시킬 수 없다는 것이 머튼의 주장이었다. 과학의 규범은 그 지식을 제한 없이 공유하고, 또 끝없이 회의하는 특성을 포함하고 있기 때문이다(홍성욱 2005).

흥미로운 사실은 머튼이 과학의 속성을 드러내는 단어로 '에토스'라는 고전적 수사학 개념을 사용한 것이다. 아리스토텔레스는 에토스, 파토스, 로고스를 수사학의 세 가지 요소로 꼽았다. 여기에서 에토스는 말하는 사람의 신뢰성, 도덕성을 의미한다. 따라서 과학이 에토스를 가진다고 했을 때, 이는 과학을 하는 이들에게 어떤 도덕적인 요소, 신뢰할 수 있는 요소가 들어있다는 것을 함축했다. 즉, 머튼은 에토스라는 개념을 도입하여 과학과 도덕, 과학과 규범 사이의 관계를 설정하려고 한 것이다. 이를 조금 더 확대해 보면, 과학은 차가운 사실의 집합이 아니라 도덕적인 요소들을 많이 가진 사회적 제도(institution)라고 할 수 있다. 반대로 우리가 사회적, 도덕적, 법적 문제들이라고 부르는 것들도 자세히 보면 과학적 문제인 경우가 많다. 따라서 에토스라는 개념에서 과학이 민주주의를 비롯한 사회의 여러 가지 문제를 해결하는 데 도움을 줄 수 있다는 함의가 유도된다.

머튼은 보편주의, 공유주의, 이해중립성, 조직화된 회의주의가 과학의 규범이자 민주사회의 가치가 되어야 한다고 믿었다. 제2차 세계대전이 끝나고 미국 대학 교육을 개혁하려던 이들은 머튼의 과학사회학에서 대학생들에게 교육해야 할 핵심 원리를 발견했다. 그것은 바로 머튼이 얘기했던 과학의 에토스, 과학의 가치였다. 과학의 가치는 전후 혼란스러운 미국 사회를 민주주의의 원칙에 의거해서 올바른 방향으로 이끌고 나갈 엘리트를 무장시키는 고등 교육의 핵심이 됐다(Hollinger 1983).

이런 분위기 속에서, 하버드대 총장 제임스 코넌트(James Conant)는 대학 신입생들에게 과학의 정신(spirit)을 가르치기 위해 실험 과학의 역사에서 이정표가 된 문헌들을 읽는 수업을 개설했다. 역설적인 사실은 당시 이 수업 교재를 만들기 위해 채용한 조교가 토마스 쿤(Thomas Kuhn)이었다는 것이다. 쿤은 머튼주의에 입각한 교재를 준비하면서 얻은 새로운 통찰을 바탕으로 『과학혁명의 구조』를 저술했고, 이 책은 머튼주의 과학사회학의 묘비명을 세운 사회구성주의(social constructionist) 과학사회학을 낳는 데 결정적 역할을 했다.

3

초기 과학철학과
과학기술학(STS)에서의
과학과 민주주의

1930년대에는 논리실증주의 과학철학자들과 칼 포퍼(Karl Popper)가 과학의 내재적 가치에 대한 논의를 시작했다. 논리실증주의 과학철학자들은 과학이 경험과 관찰이라는 객관적 사실에 기초해서, 이런 사실들을 논리적으로 연결해 명제를 만들어 내는 작업이라고 보았다. 과학이 만든 명제는 관찰이나 실험을 통해 입증될 수 있었다. 포퍼는 논리실증주의의 입증 개념에 반대했는데, 실험은 과학적 명제를 입증하지는 못하지만 대신 반증할 수는 있다는 것이 포퍼의 대안이었다. 이론이 반증되면 새로운 추측이 뒤를 이었기에, 대담한 '추측과 반증(conjecture and refutation)'이 포퍼가 파악한 과학의 요체였다. 이런 의미에서 과학은 항상 반증가능성에 대해서 '열린(open)' 체계였다.

　　과학기술학자 해리 콜린스(Harry Collins)와 로버트 에번스(Robert Evans)는 과학의 내적 가치가 뿌리 깊은 정당화, 진실, 사실, 올바른 결정, 관찰, 입증과 복제 가능성, 반증 등이라고 파악하고, 과학의 이런 인식적 가치는 어느 정도 머튼의 규범과 부합한다고 평가했다(콜린스·에번스 2018). 전체적으로 논리실증주의 철학자들이나 포퍼는 민주적 합리성을 키우는데 과학이 중요하다는 머튼의 주장에 동의했을 것이라고 봐도 무리가 없다. 특히 포퍼는 전체주의 사회를 비판하면서, 전체주의 사회가 '열린 사회'와는 대조되는 '닫힌 사회'라고 주장했다(이상욱 2005).

과학철학의 역사에서 1962년에 출판된 쿤의 『과학혁명의 구조』는 논리실증주의자들과 포퍼의 과학철학을 비판하면서 이들의 주장을 상당 부분 대체했던 것으로 평가된다. 쿤에 의하면 우리가 과학이라고 부르는 지식은 자연을 관찰한 결과라기보다 인간이 만든 패러다임에 대한 것이었다. 패러다임을 받아들인 과학자 사회는 패러다임을 더 정교하고 완전하게 하는 형태의 정상과학을 발전시키는 데 몰두하며, 이를 반증하는 한두 개 사례 때문에 패러다임을 포기하지는 않는다. 과학사회학의 관점에서 봐도 쿤이 묘사한 과학자 사회는 머튼의 과학자 사회와 큰 차이가 있었고, 이런 차이가 머튼주의 과학사회학을 폐기하는 데 기여했다. 패러다임에 집착하는 과학은, 쿤의 용어에 의하면, 민주적(democratic)이라기보다는 독단적(dogmatic)이었다(Kuhn 1963).

과학이 교조적이고 독단적이라면 과학과 민주

주의의 관계는 어떻게 설정될 수 있는가? 쿤은 과학과 민주주의의 관계에 대해서 직접 언급한 적이 없지만, 아마도 '비전적인(esoteric)' 활동인 과학이 민주주의 같은 정치체제와 의미 있는 접점을 가지기 힘들다고 생각했을 가능성이 크다. 다만 비슷한 시기에 쿤과 비슷한 과학철학을 주창했던 파울 파이어아벤트(Paul Feyerabend)는 『자유로운 사회의 과학』이란 저서에서 과학과 민주주의 관계에 대해 다음과 같은 분명한 견해를 밝힌다(Feyerabend 1978).

파이어아벤트는 과학이 다른 지적 전통보다 우월하지 않은, 많은 지적 전통 중에서 하나에 불과하다고 하면서, 이런 다양한 전통들이 동등하게 인정되는 사회가 '자유로운 사회'라고 강조한다. 합리적 토론을 강조하는 사람들은 다른 사람들이 합리성을 획득할 때까지 가르치려고 들기 때문에, 이런 토론이 지배적인 사회는 자유로운 사회가 될 수 없다. 자유로운 사회의 토론은 전문가에 의해서 지도받는 토론이 아니라, 모든 사람과 모든 전통의 참여가 완전히 열려 있는 종류의 토론이다. 따라서 그는 공공의 문제가 소수의 전문가에 의해서가 아니라 시민들의 동등한 참여로 해결되어야 한다고 주장했다. 이런 토론과 참여가 이루어질 때 자유로운 사회가 부상할 수 있었다. 전문가들의 역할은 민주적으로 뽑힌 시민들이 구성한 위원회에 자문 역할을 하는 데 그쳐야 한다는 것이 그의 생각이었다(Ibid: 25~30).

여기서 파이어아벤트는 "자유로운 사회는 과학과 사회의 분리를 요구한다"는 유명한 얘기를 했는데, 그가 이런 분리를 제시한 이유는 과학이 민주적이라기보다 비민주적이라고 생각했기 때문이었다. 그는 당시 지식의 권위를 독점하는 과학을 신랄하게 비판했다.

> 사회의 내적 작동이 '객관적인' 규칙을 따라야 한다고
> 환심을 사면서, 그들이 가장 뛰어난 발명가, 수호자,
> 규칙을 다듬는 사람임을 가리키면서, 지식인들은
> 지금까지 다양한 전통과 문제에 개입하는 데 성공했다.
> 그들은 문제 때문에 고생을 하고 해법과 함께
> 살아가야만 하는 사람들이 문제를 풀고 해법을 얻는
> 더 직접적인 민주주의를 막는 데 성공했다. 이들은
> 그들에게 던져진 기금을 먹고 살쪄왔었다(Ibid: 85~86).

1960~70년대에 파이어아벤트 같은 급진적인 사상가만이 이런 주장을 한 것은 아니었다. 하버드대 케네디스쿨을 창립한 행정학자이자 정치학자 돈 프라이스(Don K. Price)도 비슷한 주장을 했다. 그는 사회과학자들에게 많은 영향을 미쳤던 책 『과학 계급』에서, 전문가들이 책임질 수 없는 결정을 무책임하게 내리는 상황에서 과학과 민주주의가 공존할 수 있는가를 질문했다. 그는 과학이 민주적인 것도 아니며 그렇다고 반

민주적인 것도 아니라는 전제하에(Price 1965: 171), 과학과 정치의 차이를 부각했다. 그에 의하면 정치적 자유는 서로 상충하는 의견의 타협에서 얻어지는 자유이고, 과학의 자유는 진리를 끝까지 고수하는 자유였다. 정치적 자유는 서로 다름에 대한 관용에 근거하지만, 과학은 그렇지 않았다. 따라서 진리는 얻는 방법이 하나만 있다는 주장이 정치적 영역으로 침투하면 독재를 낳을 수도 있었다. 이런 근거 하에 프라이스는 민주주의 정치 체계에 과학이 침투하는 것을 막아야 한다고 주장했다.

> 과학과 민주주의적 정치를 양립 가능한 것으로
> 유지하려고 애쓰는 사람들은 이 둘이 자유에 의존하는
> 것처럼 여러 측면에서 닮았으며, 또 비슷해져야 한다고
> 주장하고 싶어 할 것이다. 이런 주장은 명백하게도
> 과학자는 민주적인 목적을 향해 민주적인 방식으로
> 일을 해야 하며, 정치인들은 과학의 방법에 따라 인도를
> 받아야 한다는 주장으로 나아간다. 반대로, 내게는
> 정치와 과학이 얼마나 다르며, 또 서로 다른 상태로
> 유지되어야 함을 인식함으로써 우리가 헌법 체계의
> 자유를 더 많이 보호할 수 있는 것 같다. 각각은 자유,
> 자유의지, 진리의 상보적인 양 측면의 각각에 관여하기
> 때문이다(Ibid: 170).

듀이나 머튼과 달리 1960~70년대에 활동한 영향력 있는 학자들은 민주주의에 대한 과학의 기여보다 과학의 위협을 더 강조했다. 파이어아벤트의 『자유로운 사회의 과학』 중 한 장은 「과학의 만연, 민주주의에 대한 위협」이라는 제목을 달고 있다. 과학이 혜택에서 위협으로 바뀐 데에는 과학을 하늘에서 땅으로 끌어 내린 쿤의 과학철학이 한몫했지만, 원자폭탄 개발 이후에 큰 권력을 갖게 된 엘리트 과학자들이 국가 행정과 정치의 영역에서도 큰 영향력을 미치기 시작한 사회적 변화와도 관련이 있었다. 프라이스와 파이어아벤트의 과학관은 1960년대 이후에 급진적으로 달라진 과학에 대한 철학적 관념, 그리고 과학과 과학자가 가진 권력이 급팽창한 사회적 변화를 반영했던 것이다.

4

사회구성주의,
위험, 과학의 민주화

쿤의 영향을 받아 등장한 사회구성주의(social constructionism)
과학사회학은 과학이 그 시대의 사회적, 문화적 가치, 이해
관계를 반영한다고 주장했다. 급진적 과학사회학자 로버트
영(Robert Young)은 "과학은 사회적 관계이다(Science is Social
Relations)"라는 명제로 새로운 과학사회학의 견해를 요약했
다. 사회구성주의자들은 과학자 사회의 규범이나 과학적 합
리성에 관한 주장이 20세기 후반 냉전 시기의 군사 연구에 매
진했던 미국의 과학을 정당화한 것이었다고 꼬집었다. 이들
은 현대 과학이 핵전쟁 게임이론, 우생학, IQ의 유전자 결정
론, 성차별적인 사회생물학이나 진화심리학, 정상과 비정상
을 구별하고 차별하는 정신의학, 자본의 이익에 봉사하는 전
문 지식에서 볼 수 있는 것처럼 심각하게 오용되고 있다고 보
았다. 이런 과학의 오용에는 눈을 감고 과학이 민주적인 사회
에 부합한다고 얘기하는 것은 지배계급의 이익에 봉사하는
것일 뿐이라고 비판한 것이다. 과학의 오용을 문제 삼은 사회

구성주의자들에게, 과학이란 비민주적인 것을 넘어 반민주적인 것으로 여겨졌다.

과학의 오용과 함께 등장한 문제가 위험(risk)의 문제였다. 과학기술이 낳는 위험 중에는 이론이나 실험실에서 수행하는 제한적인 실험만으로는 온전한 답을 알 수 없는 것들이 나타나기 시작했다. 과학자 출신의 정책가 알빈 와인버그(Alvin Weinberg)는 위험평가를 정량적으로 하기 힘든 영역을 다루는 과학을 '트랜스 사이언스(trans-science)'라고 불렀다. 가령 저선량 방사능이 암을 유발하느냐 아니냐를 동물 실험을 통해 입증하려면, 수억 마리의 실험 쥐가 필요했다. 수억 마리의 쥐를 가지고 실험을 할 수는 없기에, 결국 저선량 방사능이 암을 유발하는가 아닌가에 대해서는 과학이 확실하게 답을 할 수가 없었다. 이렇게 과학이 낳은 문제에 대해서 정작 과학이 답을 줄 수 없는 무력한 상태, 와인버그는 이러한 영역을 트랜스 사이언스라고 부른 것이다(현재환·홍성욱 2012: 62).

과학은 사회적으로 구성되며, 위험에 대한 전문가들의 전문 지식조차 확실치 않을 수 있다. 이런 인식에 근거하여, 사회구성주의 과학사회학자는 대안 지식의 가능성, 대안 전문성의 특성을 찾아 나섰다. 영국의 과학기술학자 브라이언 윈(Brian Wynne)은 체르노빌 원자력 발전소 사고 이후에 방사능으로 오염된 영국 컴브리아(Cumbria) 지역의 사례를 연구했다. 그는 오염된 풀을 먹은 양의 양모 수확을 둘러싼 논쟁을 분석했는데, 그의 분석에 의하면 과학자들보다 지역의 토양과 양의 습성을 잘 아는 목양농의 지식이 더 합리적인 경우가 있었다. 또 다른 과학기술학자 스티븐 엡스타인(Steven Epstein)은 에이즈 활동가들 같은 보통 사람들의 전문성(lay-expertise)을 분석했다. 엡스타인의 사례에서, 에이즈 환자를 치료하던 의사들은 기존에 했던 방식대로 이중맹검법(double-blind test)을 이용해서 신약을 테스트했는데, 에이즈 환자들은 이런 방식이 유의미하지 않다며, 약을 섞어서 나눠 먹으면서 모든 환자에게 신약을 제공하는 새로운 방법을 제시했다. 이들의 방식은 처음에는 무시되었지만, 결국 의사 집단에 의해 의미 있는 방법으로 인정되고 채택됐다. 지역의 상황을 더 잘 아는 목양농이나 환자들의 상황을 더 잘 이해하는 에이즈 활동가들의 전문성이 과학자나 의사의 전문성이 간과했던 지점들을 포착한 사례였다(Ibid: 40~44).

　　　　1980년대 후반 이후에 이런 사례들과 사회구성주의의 큰 흐름이 결합해서 과학기술학의 '참여적 전환'을 낳았다. 참여적 전환이란, 과학기술이 낳은 사회적 논쟁은 물론 과학기술의 연구 의제를 정할 때에도 시민들이 참여해서 결정해야 한다는 것이다. 1990년대 유럽과 미국에서, 그리고 조금 늦게 일본, 한국, 대만 등의 동아시아 국가에서 이런 시민 참여 운동이 거세게 불붙었다. 기존에 수행되던 여론조사, 공청회, 투표 등은 소극적인 시민참여이다. 이를 넘어 더 적극적 형태의 시민참여 방식인 기술영향평가, 합의회의(consensus conference), 시민 배심원, 포커스 그룹, 시민 자문위원회, 공동체 기반 연구, 사이언스 카페(science cafe), 시민 참여적 과학관 같은 운동이 줄을 이었다. 이런 운동을 통해 시민은 전문가가 개발하는 과학기술의 결과만을 향유하는 수동적 주체를 넘어선다. 이 기술은 누구를 위한 것인가, 우리는 어떤 미래에 살고 싶은가, 이 연구개발을 통해 누가 이익을 얻고 손해를 보는가, 이 연구가 공공의 복지를 위한 연구인가 아니면 사기업의 잇속을 채우기 위한 것인가. 참여적 전환을 통해, 시민은 과학기술이 낳은 문제들을 직접 따져보는 적극적 주체로 거듭났다. 즉, 시민이 주체가 되어 과학기술에 대한 장기적 어젠다(long-term agenda)를 설정해야 한다는 것이 시민참여의 목표였다. 탈냉전 시대에 걸맞은, 민주적 가치에 공감하는 새로운 종류의 시민 전문성, 시민 전문가가 필요하다는 것이 당시의 큰 흐름이었다(이영희 2011).

이러한 참여는 민주주의에 대한 새로운 인식에 기반하며, 이를 강화했다. 과거 정치가나 정치학자들이 생각한 민주주의의 요체는 '대표제'였다. 공정하고 보편적인 선거를 통해 국민의 대표를 뽑고, 이들이 의회를 구성해 행정부를 견제하는 것이었다. 그런데 정치인과 관료는 중요한 결정을 내리기 전에 전문가 집단에 자문하곤 한다. 세상이 복잡해지고 경제, 과학기술, 보건, 교육, 국방 등의 각 영역이 전문화되면서, 과학기술 전문가들이 각종 위원회 등을 통해 정책결정에 영향을 미치는 정도가 점점 더 커졌다. 반면에 이런 전문가들의 개입을 견제하는 집단이나 장치는 사실상 없는 상태다. 이런 전문성의 영역은 대표제를 토대로 한 민주적 절차가 침투하기 힘든 영역으로 굳어져 왔기 때문이다. 따라서 참여적 전환이란, 전문성의 영역에 시민참여를 꾀함으로써, 민주주의 자체를 '대의 민주주의'에서 '참여 민주주의' 혹은 '숙의 민주주의'로 변환해야 한다는 인식을 토대로 하고 있다.

과학기술의 영역에서 이런 참여적 전환의 좌우명은 '과학기술의 민주화(democratization of science and technology)'였다. 일부 과학자들은 과학의 민주화라는 개념에 대해 알레르기 반응을 보인다. 이들에겐 과학을 민주화해야 한다는 주장이 마치 (입자물리학이나 생명공학 같은) 과학의 '내용'이 비민주적이라든가 반민주적이라는 주장과 같다고 받아들여졌기 때문이다. 과학자들은 과학이 가치중립적이기 때문에, 민주적 과학, 비민주적 과학, 독재적 과학이라는 개념이 어불성설이라고 생각했다. 그런데 실제로 과학의 민주화를 주장한 사람들은 비민주적인 과학을 민주화하자는 것을 목표로 한 것이 아니었다. 전문가들의 정책 조언이나 결정이 검증받지 않고 이루어지는 대의제 민주주의의 한계를, 참여 민주주의를 통해 극복해보자는 것이었다. 그리고 이런 참여의 요체는 과학기술 발전의 목표가 시민사회가 지향하는 가치와 잘 정렬되어 있는지를 살피는 것이었다. 21세기 이후에 '참여적 전환'과 '과학기술의 민주화'는 거스르기 어려운 시대적 흐름이 됐다.

5
콜린스와 에번스의
'세 번째 물결'과 '부엉이들'

과학기술의 영역에서 시민참여에 대한 이론과 실천이 확대되는 시점에 콜린스와 에번스가 소위 '제3의 물결' 논문을 발표해서 파장을 불러일으켰다. 이들은 과학기술 관련 논쟁에 전문가만이 참여해야 한다고 주장한 머튼이나 포퍼를 '제1의 물결'로, 이에 반대해서 전문가의 정당성에 문제를 제기하면서 사회적 구성과 참여를 주창한 사회구성주의를 '제2의 물결'로 정의했다. 제2의 물결은 '일반 시민의 전문성(lay expertise)' 같은 개념을 제시하면서, 과학기술의 전문적 논쟁에 시민이 광범위하게 참여하는 것이 더 좋은 결과를 낳는다고 강조했다. 이런 토대 위에 콜린스와 에번스는 각각의 장점을 취하면서 양쪽의 한계를 극복한 '제3의 물결'을 주창했다 (Collins and Evans 2002).

　　　　콜린스와 에번스에 의하면 제1의 물결에서는 전문가와 비전문가를 구별해서, 전문가만이 과학기술 관련 논쟁에 참여해야 한다고 보았다. 제2의 물결에서는 전문가들과 비전문가들의 구별이 두루뭉술했다. 전문가들의 지식도 불확실성이 내재된, 사회적으로 구성된 것에 불과하며 비전문가들이 오히려 전문성을 갖춘 경우도 많았기 때문이었다. 따라서 제2의 물결은 전문적인 논쟁에 비전문가들이 적극적으로 참여하는 것이 타당하며 바람직하다고 생각했다. 그런데 콜린스와 에번스는 이 두 물결 모두가 한계를 지닌다고 생각했다. 제1의 물결에서는 모든 전문가를 비슷하게 생각하고, 모든 비전문가를 배제한 것이 문제였다. 예를 들어, 바이러스에 대한 논쟁에서 물리학자는 비전문가와 똑같은 위치에 불과하지만, 제1의 물결에서는 모든 과학자를 다 전문가라고 간주했다. 더불어 자격증이 없는 사람들 중에서도 특정 주제에 대해 전문성을 가진 사람들이 있을 수 있었는데, 이들을 포함하려는 시도는 없었다. 반면에, 제2의 물결이 갖는 한계는 모든 시민이 전문성을 가질 수 있다고 상정한 것이다. 시민 중에 전문성을 획득한 사람은 많은 경우에 소수에 불과하기 때문이었다(Ibid.).

콜린스와 에번스가 제안한 제3의 물결은 누가 논쟁에 참여해야 하는지를 선별하는 프로그램이다. 이들은 공적 영역에서 과학기술 논쟁에 참여할 자격이 있는 사람들을 1) 기여 전문가, 2) 상호작용 전문가로 제한했다. 기여 전문가는 물리학자, 환경과학자, 독성학자처럼 특정 전문분야에서 학위나 자격증을 가지고 동료들로부터 전문가라고 인정받는 사람들이다. 이들은 논쟁의 대상이 되는 분야에서 전문적 지식을 생산함으로써 그 분야에 기여할 수 있다. 상호작용 전문가는 이 분야에 학위나 전문 지식을 갖지 않은 시민이나 다른 분야의 과학기술자들이다. 학위나 자격증이 없지만 전문가들과 충분한 토론과 대화를 나눌 수 있을 정도로 전문 지식으로 무장한 사람들만 이에 포함된다는 점이 핵심이다. 콜린스와 에번스는 과학기술의 사회적 적용에서 민주주의의 확대가, 전문가와 시민 사이의 경계를 없앰으로써가 아니라 전문적인 논쟁에 참여할 수 있는 상호작용 전문성을 가진 시민들을 잘 선별해 포함함으로써 이루어질 수 있다고 보았다. 전문적인 지식이 필요한 영역에서는 아무리 민주적인 논의라고 해도 이 사람, 저 사람 다 끼워주는 게 최고가 아니라는 것이다. 전문가들과 대등한 눈높이에서 대화와 토론을 할 정도의 상호작용 전문성을 가진 사람들만 논쟁에 포함해야 한다는 것이 콜린스와 에반스의 주장이었다.

그런데 전문가들 사이에서도 이견이 존재하는 경우가 흔한데, 비전문가들까지 포함할 경우 어떻게 의견을 모을 수 있는가? 콜린스와 에번스는 이 경우에 어느 쪽이 더 타당하고 설득력이 있는지를 평가하는 집단을 제안하고, 이들을 '부엉이들(the Owls)'이라고 명명했다(콜린스·에번스 2018)[3]. 부엉이들은 서로 논쟁하는 전문가 그룹 사이에 누가 더 타당한가를 대략 점수로 매긴다. 예를 들어, 팬데믹 시기의 한국의 사례를 보면 코로나19 바이러스가 기승을 부릴 때, 사회적 거리두기를 3단계로 격상해야 한다는 감염학자들과 2단계를 유지하거나 더 낮춰야 한다는 보건학자들의 견해가 충돌했다. 이런 때에는 이 둘 사이에서 합의점이 찾아지기 힘들기에, 중립적인 '부엉이들'이 누가 타당한가를 객관적으로 판단해 주어야 한다는 것이다. 부엉이들은 양쪽으로 갈라져서 논쟁하는 전문가 의견을 경청하고 비교한 뒤에, 어느 쪽이 더 타당한지 판단해서 정치적 결정을 내리는 집단에 의견을 전달하는 조직이었다.

부엉이들에 대한 제안은 콜린스와 에번스의 최근 책 『과학이 만드는 민주주의』에 포함된 내용인데, 이 책의 영문 원제는 "왜 민주주의가 과학을 필요로 하는가(Why Democracies Need Science?)"이다(콜린스·에번스 2018). 이 책에서 이들은 자신들의 주장을 한마디로 선택적 모더니즘(elective modernism)이라고 명명했다. 민주주의의 가치로 과학을 선택해야 한다는 의미로 '선택적(elective)'이란 단어를 사용했고, 과학이 '모더니즘(modernism)'의 핵심 요소라고 보기에 모더니즘이라는 단어를 사용했다. 이들이 보기에 민주주의의 가치로 과학을 선택할 수 있는 이유는 과학의 가치가 민주주의의 가치와 상당 부분 겹치기 때문이었다.

그렇다고 이들이 머튼주의 과학사회학 시기로 돌아간 것은 아니었다. 1930~40년대의 머튼과 논리실증주의자들은 과학이라는 것이 믿음에 대한 근본적인 정당화를 제공한다고 보았는데, 콜린스와 에번스는 과학이 뿌리가 얕은 정당화만을 제공한다고 평가했다. 그리고 여기에 덧붙여서 이들은 과학이 전문성, 접근 방법과 규범, 최선의 결정, 관찰, 보강·복제 가능성, 반증, 보편주의, 이해중립성, 비판에 대한 개방성, 정직성과 성실성, 적절한 해석의 위치, 명확성, 개인주의, 연속성, 개방성, 일반성, 전문성의 가치 등을 제공한다고 파악했다. 이 목록은 머튼이 얘기했던 과학의 규범과 에토스를 포함하고, 논리실증주의자들와 포퍼가 말한 과학의 인식적 가치의 일부를 담고 있으며, 쿤과 그 이후 사회구성주의 과학사회학에서 제시한 과학의 가치 역시 포함하는 것이었다. 이들은 과학이 갖는 이 18가지 가치의 리스트를 민주주의의 핵심 가치라고 평가하면서, 여기에 '과학의 형성적 열망(formative aspirations)'이라는 이름을 붙였다. 비트겐슈타인의 용어를 빌면, 이는 '과학의 삶의 양식(form of life in science)'이라고 할 수 있는데, 콜린스와 에번스에 따르면 이런 과학의 삶의 양식이 '민주적 사회의 삶의 양식(form of life in a democratic society)'과 상당 부분 일치했던 것이다(콜린스·에번스 2018).

6
과학과 민주주의

콜린스와 에번스는 전 세계적으로 민주주의가 위기를 겪고 있는 21세기에 과학이 민주주의의 핵심 가치로 다시 자리매김해서 민주주의를 강화하는 것이 중요하다고 생각했다. 그런데 이들이 생각한 과학은 대체 어떤 과학인가? 1960년대에 과학을 우려한 사람들은 심하게 군사화되고 권력화된 과학을 비판했다. 지금도 과학이 군사화됐다는 비판이 없지 않지만, 이보다 더 심각한 것은 연구의 상업화, 혹은 자본주의화일 것이다. 초국가적인 거대 기업의 이익을 위해 봉사하는 연구, 글로벌 차원이건 지역적 차원이건 불평등을 더 심화시키는 연구, 경제적으로 여유가 있는 사람들의 주머니를 노리는 상품으로 이어지는 연구 등에 인력과 자금이 몰리고 있는 것이 지금의 문제이다(Mirowski and Horn 2005). 민주주의도 위기지만 과학도 그렇게 건강하지 못한 편이다.

과학과 민주주의가 모두 망가졌다면 이 둘의 관계를 논하는 것이 어떤 의미가 있을까. 콜린스와 에번스의 한계는, 마치 머튼이 현실의 과학이 아닌 이상적인 과학의 에토스를 상정했던 것처럼, 현실의 상업화된 과학이 아니라 이상적으로 거의 완벽에 가까운 '과학의 형성적 열망'을 논한다는 데 있다. 이렇게 과학을 이상화하는 논의는 몇몇 과학자들을 즐겁게 할 수는 있을지 몰라도, 이에 동의하지 않는 과학기술자를 포함한 지식인이나 시민사회의 구성원을 설득하기 힘들다. 과학과 민주주의의 가치의 관계를 논하는 작업이 무의미하다는 것이 아니라, 현실과 이상의 괴리를 항상 자각하면서 지금의 논의를 발전시키는 것이 중요하다는 얘기다.

과학도 문제가 있고 민주주의도 문제가 있으니 이들 밖에서 과학과 민주주의가 수혈받을 수 있는 멋진 가치들의 집합을 찾을 수 있을까? 아마 가능하지 않을 것이다. 20세기를 거치며 여러 학문 분야의 발전을 통해 얻은 통찰 중 하나는, 우리에게는 물이 새는 배를 수리하기 위해 정착할 항구가 없다는 사실이다. 우리는 항해를 하면서 물이 새는 배를 고쳐야 한다. 이 비유는 과학과 민주주의의 관계에도 그대로 적용된다. 어떨 때는 과학의 가치를 가지고 민주주의의 여기저기를 수리해야 할 때도 있고, 거꾸로 민주주의의 이상을 들면서 과학에 개입해야 할 때도 있을 것이다.

　　　민주주의는 물론 과학도 이미 상당히 엉크러진 상태에서 쉬운 해법은 존재하지 않겠지만,[4] 심각해지고 있는 기후위기는 과학과 민주주의의 관계를 다시 고민하게 할 계기를 제공해 줄 수 있다. 지금의 전 지구적 환경위기를 조금이라도 늦추기 위해서는 과학과 민주주의, 특히 이 둘의 관계가 더 가까워지고 더 강화되어야 하기 때문이다. 이에 대한 논의는 학문적으로도 중요하고 실천적으로도 시급하기에, 이를 위해 과학기술과 인문학 사이의 새로운 연대가 필요할 것이다.

1

과학자는 민주주의에 기여할 수 있는가? 예를 들어, 과학자가 자신의
전문성을 살려서 국가의 정책에 조언하는 일이 민주주의에 기여하는
일이 될 수 있는가? 어떤 비판론자들은 전문가들의 조언이 어떤
견제도 받지 않고 정부의 정책으로 이어지는 상황이 민주주의를
역행하는 것이라고 주장한다. 여러분들은 이런 주장을 어떻게
평가하는가?

2

콜린스와 에번스의 '제3의 물결'에 대한 비판 중 하나는 과학기술이 낳은 공적 문제에 대한 논쟁이 벌어졌을 때, 이미 이 주제에 대해 전문성을 가진 사람들만을 포함시킨다는 것이다. 비판론자들은 전문성이 없는 사람이라도 논쟁에 참여하다 보면 길지 않은 시간에, 콜린스와 에번스가 말한 '상호작용 전문성'을 획득할 수 있다고 본다. 논쟁의 출발점에서 전문성을 가진 사람들만 포함하다 보면 대부분의 시민은 배제될 수밖에 없다는 것이 비판의 지점이다. 여러분들은 이 비판에 대해서 어떻게 생각하는가? 여러분들이 생각하는 민주주의의 핵심 가치 중에 과학에서 찾아지는 것이 있는가?

1

민주주의 지수는 위키피디아에 잘 정리되어 있다. https://ko.wikipedia.org/wiki/민주주의_지수 참조.

2

민주주의의 가치가 무엇인가에 대해서 학자들 사이에 합의된 것은 없다. 대략 개인의 생명권, 사상과 언론의 자유를 포함한 정치적 · 경제적 자유, 행복 추구권, 공공의 선, 정의, 평등, 다양성, 정부가 거짓말을 하지 않는 것, 국민 주권, 애국심 등을 포함한다고 보면 될 것이다. https://www.learningtogive.org/sites/default/files/handouts/Core_Democratic_Values_Fundamental_Beliefs_0.pdf

3

콜린스와 에번스가 이런 집단을 '부엉이'라고 부른 것은 부엉이가 몸은 움직이지 않은 채로 고개를 180도 이상 돌릴 수 있는 조류이기 때문이다. 마치 부엉이가 고개를 좌우로 돌려서 주변을 관찰하듯이, 부엉이 집단은 양극단으로 나뉘어 논쟁하는 사람들을 중립적인 위치에서 평가해야 한다는 의미이다.

4

최근에 일군의 자연과학자와 사회과학자들은 융합적 성격의 연구를 통해 민주주의 체제와 같은 복잡계의 여러 특성을 드러낸 뒤에, 더 좋은 민주주의를 만들 수 있는 여섯 가지 정책적 제안을 제시했다. 1) 다양성을 증가시키는 규제, 2) 경제적 불평등과 정치권력 간의 피드백 제한, 3) 직접 민주주의의 강화를 통한 연결의 확보, 4) 소외된 지역을 위한 신뢰성 있는 소통 전문가 고용, 5) 메시지 컨트롤의 한계에 대한 인지, 6) 소통의 지속성과 예측의 한계에 대한 인지 등이 그것이다 (Eliassi-Rad et al. 2020).

이상욱. 2005. "과학이 반증 견딜수록 발전하듯 열린사회는 여러 제도 시험을 거친다"〈한겨레〉(2005. 7. 14).

이영희. 2011.『과학기술과 민주주의 – 시민을 위한, 시민에 의한 과학기술』. 문학과지성사.

해리 콜린스 & 로버트 에번스(고현석 역). 2018.『과학이 만드는 민주주의 – 선택적 모더니즘과 메타 과학』. 이음.

현재환·홍성욱. 2012.「시민참여를 통한 과학기술 거버넌스: STS의 '참여적 전환' 내의 다양한 입장에 대한 역사적 인식론」. 『과학기술학연구』12권 2호. 33~79쪽.

홍성욱. 2005. "전체주의에선 과학 발전 못한다"〈한겨레〉(2005. 6. 30).

Collins, Harry M. and Robert Evans. 2002. "The Third Wave of Science Studies: Studies of Expertise and Experience." *Social Studies of Science* 32. pp.235~293.

Dewey, John. 1937. "Democracy and Educational Administration." *School and Society* 45 (162). pp.457~462.

Eliassi-Rad, T. et al. 2020. "What Science Can Do For Democracy: A Complexity Science Approach." *Humanities and Social Sciences Communications* 7. pp.1~4.

Feyerabend, Paul. 1978. *Science in a Free Society.* NLB.

Hollinger, David. 1983. "The Defense of Democracy and Robert K. Merton's Formulation of the Scientific Ethos." *Knowledge and Society* 4. pp.1~15.

Kuhn, Thomas, S. 1963. "The Function of Dogma in Scientific Research." in Alistair C. Crombie ed. *Scientific Change* pp.347~369. Basic Books.

Mirowski, Philip, and Robert Van Horn. 2005. "The Contract Research Organization and the Commercialization of Scientific Research." *Social Studies of Science* 35. pp.503~548.

Price, Don K. 1965. *The Scientific Estate.* The Belknap Press of Harvard University Press.

이상욱

AI 윤리가
왜 중요한가?

"인공지능에 대한 윤리 논의가 과학기술 연구의 '발목을 잡으려는' 비생산적 논의라고 바라보는 시각도 있다. 국제적 차원에서 이뤄지는 AI 윤리 논의 자체가 형용모순이라고 생각하는 이들까지도 있다. AI 윤리 논의가 선진국들의 전형적인 '사다리 걷어차기' 전략, 즉 우리나라 같은 AI 기술 후발주자들의 발을 묶으려는 '비윤리적' 의도가 담긴 책략이라고까지 의심하기 때문이다."

이
상
욱

한양대 철학과 & 인공지능학과 교수. 과학기술철학과 과학기술학의 다양한 주제,
특히 첨단 과학기술의 윤리적 쟁점을 주로 연구하고 있다. 현재 유네스코
과학기술윤리위원회(COMEST) 부의장으로 활동 중이다. 서울대 물리학과 학사·석사를
거쳐, 런던대(LSE)에서 철학 박사학위를 받았다. 런던정경대 철학과 교수를 역임했으며,
2002년부터 한양대에서 가르치고 있다. 저서에 『과학은 이것을 상상력이라고 한다』,
『포스트 휴먼이 몰려온다』(공저), 『인공지능 시대의 인간학』(공저), 『인공지능의
윤리학』(공저) 등이 있다.

1
'마침내' AI의 시대가 왔다, AI 윤리의 시대는?[1]

마침내 인공지능(AI : Artificial Intelligence)의 시대가 도래했다
는 사실에 이의를 제기할 사람은 이젠 찾아보기 쉽지 않다.
그런데, 여기서 '마침내'라는 수식어를 단 이유부터 짚고 넘어
가자. 인간이 만든 기계가 인간과 구별되지 않을 정도로 인간
의 지적 행동을 수행하는 시대가 곧 올 것이라고 주장한 인공
지능 연구자들은 예전에도 여럿 있었다. 하지만, 그들의 낙관
적 전망 속 '그날'은 번번이 지연되었고 때론 그 전망 자체를
포기해야 할 정도의 시련도 겪었다.

　　　1950년대 인공지능 연구를 본격적으로 시작한
맥카시(John McCarthy)나 민스키(Marvin Minsky) 등 선구자들은
당시 늦어도 수십 년 내로 인간의 모든 지적 노동을 대신할

수 있는 인공지능이 등장할 것이라고 믿었다. 1980년대 '병렬처리'라는 획기적 계산 알고리즘이 주목받을 때도 역시 많은 인공지능 연구자들이, 이번에야말로 인공지능이 조만간 사회전체에 널리 사용될 것이라 기대했다. 하지만 이 역시 섣부른 기대였는데, 이후 인공지능 연구는 여러 이론적 · 실천적 어려움을 겪게 되었고 연구 지원도 끊기면서 전망 없는 분야 취급까지 받게 됐다. 소위 '인공지능 연구의 겨울'이 온 것이다 (Mitchell 2020).

하지만 2005년 이미지 판독을 시작으로 기존 인공지능의 효율성을 획기적으로 높인 '신경망 기반' 기계학습 알고리즘이 등장하면서 돌파구가 열렸다. 이 새로운 인공지능은 자연언어 처리나 단백질의 3차 구조 예측처럼 불가능에 가깝다고 생각했던 분야까지 영역을 확장하고 있다. 물론 SF 영화에나 등장하는, 사람과 구별되지 않는 안드로이드 로봇의 출현은 아직 먼 미래의 꿈이지만, 지금 우리는 이미 AI가 내장된 휴대전화를 거의 24시간 쥐고 일상을 살아가고 있다.

이뿐만이 아니다. 오늘 저녁 어떤 영화를 볼 것인지, 휴가 때 무슨 책을 읽을지를 선택할 때도 많은 사람들이 이미 AI의 도움을 받고 있다. AI가 추천하는 선택지는 아직까지는 가끔 어이없이 엉뚱한 것일 때도 있지만, 상당히 많은 경우에는 꽤 쓸 만하다는 느낌도 든다. 처음에는 엉뚱해 보였던 추천 영화가 막상 보고나니 정말 내 취향에 딱 맞는다고 느끼는 경우도 있다. 이런 상황이면 조만간 '나보다 나를 더 잘 아는' AI가 현실화되지 않을까 기대해 볼 수도 있다(Gans, Goldfarb, and Agrawal 2018).

자격증을 갖춘 사람들만이 할 수 있었던 법률·의료·세무 등 전문적 일자리 영역에서도 AI 활용이 늘어나고 있다. 이제 사람들 사이에서는, 곧 AI로 인한 인간의 대량 실업 사태가 일어날 수 있다는 종말론적 두려움과, 정반대로 인간이 드디어 노동으로부터 해방되어 자유를 얻게 되리라는 유토피아적 기대감이 혼재된 상황이다(Mason 2016). 어떤 미래가 실현되든 하나의 해결책으로 논의되고 있는 '기본소득' 개념도 어느덧 상식적 담론이 됐다(Suskind and Suskind 2017).

AI의 일상화만큼이나 AI가 제기하는 여러 인문학적·사회과학적 쟁점을 학술적으로, 실천적으로 탐색하는 연구 및 관련 활동도 활발하다. AI에 대한 다양한 쟁점을 통합적으로 다루는 분야를, 최근 국제적 논의의 맥락에서는 대개 'AI 윤리(ethics)'라는 개념으로 포괄한다. 경제협력개발기구(OECD)는 AI의 개발이 가져다 줄 혜택과 위험 속에서 사회적으로 수용가능한 수준의 절충점을 찾기 위해 'AI 윤리 원칙(ethical principles)'이라는 개념을 도입했다. 유엔기구 중 가장 활발하게 AI 윤리의 규범적 틀을 마련하기 위해 노력하고 있는 유네스코는, 2021년 11월 총회에서 'AI 윤리 권고'를 만장일치로 채택했다. 유네스코의 권고안은 OECD나 유럽연합

(EU)이 주로 경제적·기술적 발전에 초점을 맞춰 AI 윤리를 논의하는 것과 잘 대비된다. 유네스코가 AI 윤리를 다루는 방식은, 이후 설명할 '에틱스(Ethics)'의 포괄적 의미를 온전하게 담아내려는 시도라고 평가할 수 있다.

이뿐만이 아니다. 세계 최대 전기전자공학자 단체인 IEEE(Institute of Electrical and Electronics Engineers)는 AI라는 단어가 줄 수 있는 불필요한 의인화 등을 우려하여 AI라는 용어보다는 A/IS(Autonomous Intelligent System), 즉 '자율지능 시스템'이라는 용어를 선호한다. 그런 IEEE 또한 A/IS 개발 초기 단계에서부터 '윤리원칙에 일치하는 설계(Ethically Aligned Design)' 개념을 강조하며 국제표준 마련에 힘을 쏟고 있다(IEEE 2020).

그런데 국내에서는 'AI 윤리'라는 용어 자체에 대해 어색해 하거나 심지어 불편해 하는 사람들이 꽤 있다. 이런 태도의 배경에는 가치와 무관한 과학에 윤리를 연결시키는 것이 부당하다고 여기는 직관이 있다고 볼 수도 있다. 자료를 조작하거나 표절하는 등 연구부정행위를 저지르지 않는 한, 과학이나 기술은 윤리와는 무관한, 가치중립적 영역이라는 생각 때문이다. 실제로 우리에게는 극단적 오용 사례를 제외하고는 윤리와 과학기술이 서로 무관하다는 생각, 혹은 관련이 있더라도 원칙 제시 정도의 추상적 수준에서만 거론되어야 한다는 직관이 강하게 있는 편이다(이상욱·조은희 2011).

하지만 바람직한 과학이 가치와 무관해야 된다는 생각은 여러 이유에서 정당화되기 어렵다. 과학 연구를 성공적으로 수행하기 위해서는 단순성·설명력 같은 인식적 가치를 활용하는 것이 결정적으로 중요하며, 연구 주제 설정에 있어서도 사회적 가치를 고려하는 것이 바람직하기 때문이다. 과학 연구에서 가치가 어떤 역할을 수행하는지에 대한 복잡한 논의를 잠시 접어 두더라도(Collins and Evans 2017) '윤리'와 AI 사이의 밀접한 관계에 대한 설명이 가능하다.

일단 상당수의 사람들이 AI라는 기술적 대상에 인간의 개인적 행동에나 적용될 법한 '윤리'라는 개념을 적용하는 것 자체가 이상하다고 느낀다는 점에서 출발해 보자. 이런 이들일수록 AI 윤리 논의 자체가 AI 관련 과학기술 연구의 '발목을 잡으려는' 비생산적 논의라고 규정하는 경향이 많다. 특히 과학기술 진흥과 연구개발의 효율성에 집중하는 정부 관료들 중에서는 국제적 차원에서 이뤄지는 AI 윤리 논의가 형용모순이라고까지 생각하기도 한다. AI 윤리 논의가 선진국들의 전형적인 '사다리 걷어차기' 전략, 즉 우리나라 같은 AI 기술 후발주자들의 발을 묶으려는 '비윤리적' 의도가 담긴 책략이라고까지 의심하기 때문이다.

2

윤리(倫理) vs. 에틱스(ethics) : 문화권에 따른 의미의 간극

AI 윤리에 대해 국내외에서 왜 이런 차이가 발생하는 것일까? 여러 이유가 있겠지만 필자는 공약불가능한(incommensurate) 두 개념, 즉 윤리(倫理)와 에틱스(ethics) 사이의 의미 차이가 중요한 이유라고 생각한다.

우리의 일상적 언어 직관에 따르자면, '윤리'는 지극히 개인적이고 시시비비가 명백한 사안에만 적용된다는 느낌이 있다. 이 직관은 표준국어대사전의 '윤리'에 대한 정의, "사람으로서 마땅히 행하거나 지켜야 할 도리"와도 일치한다. 이 정의에서 연상되는 윤리와 관련된 상황이란, 천륜을 어기고 부모를 학대하는 행위나 상식적 허용 범위를 넘어 극단적으로 자기이익만 챙기는 행위일 것 같다. 즉, 우리말에서 윤리란 개인이 누구에게나 명백하게 도리에 어긋나는 행동을 하는 것과 긴밀하게 관련되는 개념이다. 표준국어대사전은 윤리 개념의 용례로 채만식의 소설 『낙조』에 등장하는 대목, "아내가 있는 사람이 한 다른 여자와 연애를 하고 어쩌고 한다는 것은, 나의 윤리로는 허락할 수 없는 패덕이었다"는 문장을 들고 있는데, 이 문장에서도 우리의 윤리 개념이 개인적 사안과 관련된 것이며 명백한 잘잘못을 다룬다는 특징이 잘 드러나 있다.

그런데 이런 윤리 개념으로 AI 윤리라는 표현을 살펴보면 누가 봐도 이상하다는 느낌을 갖지 않을 수 없다. 일단 AI 윤리에서 다루는 내용은 2021년 초 불거진 AI 챗봇 이루다의 사례처럼 지극히 사회적이고, 많은 경우 논쟁적이기까지 하다. 이루다 사건의 경우에는 그것이 문제라는 점에 대해 대체적으로 사회적 합의가 이루어졌지만, AI 윤리의 다른 많은 쟁점들은 그렇지 않다. 예를 들어 AI 알고리즘의 투명성을 높이거나 설명가능성을 강하게 요구하다 보면, AI의 효율성이 떨어지거나 민감한 정보의 유출 가능성이 높아질 수도 있다. 이처럼 현재 AI 윤리에서 논의되고 있는 내용은 (당연히 개인적 영역도 포함하지만) 많은 경우 사회적 수준에서 문제를 파악하고 해결책을 마련해야 하는 부분이다. 더욱이 대부분의 경우, 문제점을 분석하거나 해결책을 마련하는 과정에서 다양한 관련 집단들의 이익과 서로 다른 가치를 종합적으로 고려해야하기 때문에, 지난한 사회적 숙고를 요구하는 논쟁적인 분야다(Fry 2019). 우리말의 '윤리' 개념으로 AI 윤리를 제대로 이해하기 어려운 것도 무리는 아니다.

그럼 이제 영어의 에틱스(ethics)는 어떤 의미인

지 살펴보자. 어원을 따져 보면 에틱스(ethics)는 고대 그리스어에서 (사회적) '인격(character)'을 뜻하는 단어 에토스(ethos), 그리고 라틴어에서 '관습(customs)'을 뜻하는 단어 모레스(mores)와 깊은 관련이 있다. 모레스(mores)라는 단어는 우리가 흔히 '도덕적'이라고 번역하는 영어 '모럴(moral)'의 어원이기도 하다. 우리 일상표현에서도 '윤리적'과 '도덕적'을 서로 혼용해서 쓰듯이 영어에서도 (철학적으로 엄밀하게 구별할 때를 제외하면) 이 둘을 혼용해서 쓰는 경향이 있다. 그래서 옥스퍼드 영어사전에서 제시된 에틱(ethic)의 정의는 "특정 집단이나 분야 혹은 행동양식과 관련되거나, 또는 그 가치나 중요성을 인정하는, 도덕적 원칙들의 집합(A set of moral principles, especially ones relating to or affirming a specified group, field, or form of conduct)"이다.

　　　　이 정의에서 주목할 점은 에틱(ethic)의 정의에 특정 집단, 분야, 행위의 종류가 등장한다는 사실이다. 이는 앞서 지적했듯이 에틱의 어원에 특정 집단이나 분야마다 공유되는, 그래서 올바름의 기준이 서로 다를 수 있는, '관습'의 의미가 포함되어 있다는 점과 일맥상통한다. 그리고 이러한 특징은 우리말의 '윤리'와 달리 영어의 에틱이 특정 개인의 행동 자체만이 아니라 그 행동의 사회적 의미까지를 본질적으로 포함하고 있음을 시사한다. 역사와 문화가 다른 집단마다 다를 수 있는 규범적 직관을 반영하는 다양한 에틱(ethic)

사이의 보편성과 타협의 가능성을 개념화하기 위해 영어의
윤리는 복수형인 에틱스(ethics)로 표현되는 것이다.

서양 문명의 기원이라고 여겨지는 그리스-로마
시대의 '에틱'에 해당하는 개념이 이처럼 개인적 수준과 사회
적 수준을 가로지르고 있다는 사실을 염두에 두면, 황우석 연
구팀의 논문조작 사건으로 촉발된 '연구 윤리(research ethics)'
개념이나 최근 강조되고 있는 '전문직 윤리(professional ethics)'
라는 개념이 결코 에틱(ethic)의 개념을 최근에 확장한 것이 아
니라는 점을 짐작할 수 있다. 그보다 이들 용어는 특정 집단
에 고유한 내적 규범을 의미하는 에틱(ethic) 본래의 의미에 충
실한 것이라는 사실이 자연스럽게 이해된다. 과학 연구자가
연구만 열심히 하면 되지 따로 윤리가 왜 필요하냐는 생각은
우리말에서 '윤리'라는 단어가 주는 직관을 따른다면 이해될
수 있는 반응이지만, 영어의 에틱(ethic)을 비롯한 국제적 기준
에 따른다면 부적절한 반응이라고 볼 수 있는 것이다.

불필요한 오해를 막자면, 필자는 우리말의 '윤
리' 개념이 틀렸고 서양의 '에틱(ethic)' 개념이 올바르다고 주
장하는 것이 아니다. 그런 지적은 수(number) 개념으로 자연
수는 틀린 개념이고 보다 포괄적인 정수나 실수 개념만이 진
정한 수 개념이라고 주장하는 것만큼이나 터무니없다. 개념
은 원칙적으로 맞고 틀리고의 문제라기보다는 정의(定義)의
문제이다. 그런 의미에서 우리말의 '윤리' 개념이나 영어의

'에틱스(ethics)' 개념 모두 동등하게 의미 있는 개념이다. 여기에서 지적하고자 하는 바는, 예를 들어 AI 윤리 관련 국제 논의에서 대부분의 나라는 모두 에틱(ethic)의 의미를 배경으로 참여하는데, 우리만 우리말에 고유한 '윤리' 개념을 갖고 참여한다면 생산적인 의사소통이나 논의 참여가 어려울 것이라는 점이다. 'AI 윤리(ethics)'와 관련하여 국제적으로 통용될 수 있는 방안을 만들거나 법제도화를 추진할 때 우리가 반드시 명심해야 할 부분이 바로 이것이다.

그렇다면 개인과 사회를 가로지르는 의미에서의 윤리적 논의와, 개인행동의 선악에 초점을 맞춘 우리의 윤리 논의는 구체적으로 어디에서 차이가 날까? 앞서 소개한 여러 국제적 AI 윤리 논의에서 분명하게 부각되는 차이점은 우리가 사회적으로 추구해야 할 가치가 여럿이라는 사실, 그리고 그 가치들 사이에서는 종종 충돌이 일어난다는 사실이다. 이런 상황에서 공정하고 효율적인 윤리적 해결책은, 거의 대부분의 경우 고려해야 할 여러 가치들을 사회적으로 수용가능한 방식으로 맞교환(tradeoff)하는 데에서 나온다. 그리고 이 과정에서 직관적으로 '좋은 것들' 사이에 절충이나 선택을 해야 하는 경우도 발생하게 된다. 개인의 행동에 대한 선악 판단에서 암묵적으로 전제되는 '명백함'이나 '착하게 살면 윤리는 신경 쓰지 않아도 된다'는 식의 직관이 더 이상 통용되지 않는 것이다.

우리가 사회적 수준에서 추구하는 여러 가치들, 예를 들어 자유와 평등 사이에는 동시에 만족하기 어려운 긴장이 존재한다. 관련된 이해당사자들이 모두 완벽하게 만족하는 방식은 현실적으로 불가능하다. 여러 가치를 최대한 동시에 실현하기 위해서는, 사회적 숙고를 통해 윤리적으로 합리적이라고 평가될 수 있는 방식으로 각각의 가치를 적절한 수준에서 절충하여 만족하는 수밖에 없다. 당연히 AI 윤리의 여러 핵심 주제에 대한 중요한 사회적 결정을 내릴 때도 마찬가지의 방식이 활용된다.[2]

이렇게 이해된 AI 윤리의 관점에서 보자면, AI와 관련된 다양한 개인적, 사회적, 법적, 제도적 쟁점에 대해 단순히 선악 판단을 내리려고 시도하는 것보다는 우리 사회에서 핵심적으로 존중되는 가치에는 어떤 것들이 있는지 살펴보는 것이 더 중요하다. 그 가치를 최대한 균형 있게 존중하는 방식으로 AI를 개발·활용해야 하며, 그러기 위해서는 어떤 점에 주의하고 어떤 제도적 장치를 마련해야 하는지를 통합적으로 탐색하려는 노력이 필요하다(이중원 외 2018, 2019, 2021; 한국인공지능법학회 2019).

이제부터는 여러 가치를 통합적으로 고려하고 사회적으로 수용가능한 해결책을 찾아가는 AI 윤리의 사례를 '공정성'을 중심으로 소개한다.

3

AI는 인간보다 더 공정할까?[3]

이루다 사건으로 AI의 공정성이 사회적 쟁점이 되기 전까지
만 해도, AI는 인간의 편견이나 사사로운 감정으로부터 자유
롭기에 인간보다 훨씬 더 공정할 것이라는 생각이 지배적이
었다. 유사한 사건에 대해 그때그때 기분에 따라 다른 형량을
부과할 수 있는 인간 판사 대신 객관적인 증거와 유사 사건의
판례만을 공정하게 대조하여 판단할 수 있는 AI 판사에게 재
판을 받고 싶다는 사람들도 있었다. 고려할 것이 너무나 많은
복잡한 의료 현장에서도 실수 없이 차분하게 정확한 진단이
나 처방을 내리는 AI 의사를 사람 의사보다 더 신뢰하겠다는
여론조사 결과가 보도되기도 했다. 하지만 이제 이루다 사건
이후로 사람들은 AI가 인간보다 더 공정할 수도 있지만, 극단
적인 방식으로 더 편견에 사로잡힐 수도 있다는 걸 알게 됐다.
        그런데 정말 그럴까? 도대체 AI가 공정하거나
편견을 갖는다는 것은 정확히 무엇을 의미할까? AI가 공정해
야 하는지에 대해 답하기 전에 이 문제부터 살펴보자.
        AI와 관련된 윤리적 쟁점을 다룰 때 미리 분명

하게 짚고 넘어가야 하는 점은 현실에 존재하는 AI와, SF 영화에 등장하는 인간과 구별되지 않는 수준의 감정 능력과 도덕적 판단 능력까지 발휘하는 가상의 AI 사이의 구별이다. 가까운 미래를 포함하여 당분간 우리가 경험할 AI는 인간의 특정한 능력을 '흉내'낼 목적으로 만들어진 특수지능이다. 이 사실은 중요한 함의를 갖는다(Kaplan 2016).

첫째, 이루다와 같은 AI가 아무리 성차별적으로 간주될 수 있는 발언을 한다고 해도 AI는 상식적 의미에서, 성차별적 의도나 감정을 갖지 않는다. 실은 성차별을 포함하여 자신이 산출하는 문장의 의미를 통상적인 의미에서 이해한다고 볼 수도 없다. 예를 들어 이루다가 산출하는 문장 기호를 우리가 읽고 이루다의 '마음 상태'를 유추할 뿐이지, 실제로 이루다가 의식적 마음을 갖고 있지는 않다(김명주 2022).

둘째, 이루다를 비롯한 챗봇 AI가 지금보다 훨씬 더 발달해서 인간과 전혀 구별할 수 없는 수준의 대화를 나눌 수 있게 되더라도, 그런 AI는 평범한 인간이 하는 다른 일, 예를 들어 시각이나 음성을 통해 사람을 알아보거나 가게에 가서 물건을 사는 일까지 할 수는 없다. 물론 시각이나 음성을 통해 사람을 구별하거나 물건을 집거나 들어 올리는 일을 할 수 있는 AI 혹은 AI 로봇은 지금도 존재한다. 하지만 평범한 사람처럼 이 모든 일을 포함해 수많은 다른 일, 예를 들어 다른 사람과 협력해서 공동 작업을 수행하는 일 등을 인간 수준으로 해낼 수 있는 '일반지능(General Intelligence)'을 갖춘 AI는 아직 존재하지 않는다. 관련 연구조차 극히 초보 단계여서 가까운 시일 내에 우리 삶에서 일반 인공지능을 쉽게 볼 수 있을 가능성도 높지 않다.

물론 최근 인공지능 연구자 사이에는, 수천만 개의 매개변수를 활용하는 초거대 AI 연구가 일반 인공지능을 구현할 수 있을 것이라는 기대가 있다. 하지만 이 초거대 AI가 성공적으로 '일반지능'을 구현하더라도 명백한 한계가 존재한다. 이는 동일한 알고리즘으로 효율성이나 목표 함수를 잘 정의할 수 있는 '여러 종류'의 문제를 해결할 수 있다는 의미에서의 일반지능이라는 점에 주목해야 한다. 즉 현재 인공지능 연구자들이 개발을 목표로 하고 있는 일반 인공지능은 사람처럼 자신의 지적인 행동의 의미를 이해하면서 미리 정해지지 않은 일까지 대충이라도 수행할 수 있다는 의미의 일반지능은 아니라는 점이다.

4
AI의 공정성?
AI '산출물'의 공정성

AI의 공정성은 다음과 같이 이해해야 한다. 현재까지 (그리고 가까운 미래에 등장할) AI는 공정이란 단어의 의미도 알 수 없고 공정과 관련된 복잡한 의미론적, 사회적, 윤리적 관계를 이해할 수 있는 '의식적 마음'도 가질 수 없다. 그러므로 AI가 사람보다 더 혹은 덜 공정한가라는 질문은, 의식적 마음을 갖지 않은 복잡한 기계가 엄청난 양의 기계학습을 기반으로 산출한 결과물이 사람이 보기에 동일한 일을 수행하는 사람이 산출한 결과물보다 더 혹은 덜 공정한가를 의미한다.

　　　　이렇게 정리하고 나면 처음 제기한 문제는 너무 쉽게 답할 수 있어 보인다. 결국 AI가 최대한 공정한 결과값을 내도록 잘 만들면 되지 않을까? 그런데 이 지점부터 문제가 복잡해진다. 본격적인 AI 윤리 논의가 시작되는 것이다. 우리는 AI의 결과값이 공정할 것을 항상 원하는가? 우리가 AI을 활용하는 목적이 무엇인지에 따라 그 답은 달라질 것 같다.

우선 공정이 무엇인지 생각해 보자. 표준국어대사전은 공정을 '공평하고 올바름'으로 정의한다. 핵심은 공정이란 개념은 평가적 혹은 규범적 개념이라는 점이다. 이 말이 무엇을 의미하는지 예를 들어보자. 여성의 '평균' 키는 남성의 '평균' 키보다 약간 작다. 이런 통계적 사실을 말한다고 해서 성차별적이라거나 공정하지 않다고 비난할 사람은 없다. 하지만 국내 100대 기업의 최고경영자 중에서 남성이 여성보다 압도적으로 많다는 점 역시 통계적 사실이다. 그런데 이런 '사실'은 많은 사람들에게 성차별적이고 불공정한 것으로 여겨진다. 차이가 뭘까? 이 두 사례를 비교해보면, '공정함'이란 세상이 어떠하다는 사실적 주장과 관련된 것이 아니라 세상이 마땅히 어떠해야 한다는 규범적 주장과 관련됨을 알 수 있다. 남녀의 평균 키가 같은 것이 윤리적으로 더 바람직하다고 보는 사람들은 거의 없는 반면, 남성과 여성이 비슷한 비율로 최고경영자가 되는 것이 윤리적으로 더 바람직하다고 보는 사람들은 많기 때문이다.

그런데 이렇게 정리해도 여전히 남는 문제가 있다. 여성 최고경영자가 남성에 비해 적은 이유는 실제로 '현재 기업 환경 조건'에서 남성 최고경영자가 여성보다 더 높은 성취를 보여주기 때문이라는 가설이 있을 수도 있다. 이 경우에는 남성과 여성이 최고경영자로서의 '잠재력'에 있어서는 평균적으로 완전히 동등하더라도, 기업 입장에서는 남성 최고경영자를 임용하는 것이 기업의 '실제' 실적에 도움이 되기 때문에 남성 최고경영자를 선호할 수 있다. 이런 고려까지 하게 되면 결국 최고경영자 비율에서 남녀 차이를 공정하지 않다고 지적하는 것은 '현재 기업 환경 조건'을 포함하여 여성에게 불리한 사회적 조건 전체에 대해 비판하는 것이 된다.

물론 이런 상황이 여성에게만 해당될 이유는 없다. 혹자는 현재 남성에게만 부여되는 병역의무가 남성에게 공정하지 않다고 주장하거나, 남자에게 '남자다움'을 요구하는 우리 사회가 문화적 포용력을 결여하고 있다고 비판할 수 있다. 핵심은 '공정함'에 대한 규범적 판단은 우리 사회에서 다양한 스펙트럼으로 존재한다는 사실이다. 단순히 여성이라는 이유로 고등교육의 기회를 박탈당하는 것은 부당하다는 생각처럼 광범위한 지지를 얻을 수 있는 것부터, 여성이 남성과 동등한 성취를 보이지 못하는 모든 사례가 우리 사회에 내재한 성적 불평등 탓이라는 생각처럼 논쟁적인 사안까지, 공정함에 대한 규범적 판단은 사안마다 사람마다 달라진다.

그런데 여기서 우리 사회의 공정하지 못한 측면을 파악하고 대응책을 마련하기 위해 AI를 활용하는 상황도 고려해 보자. 최근 사회정책 수립이나 문제 해결에 AI를 활용하자는 주장이 점점 인기를 얻고 있으니 충분히 가능한 상황이다. 이런 목적이라면, 우리 사회에 어떤 불평등이 있는지를 가감 없이 그대로 드러내는 AI가 필요할 것이다. 이런 AI의 산출물은 우리 사회의 불평등을 바로잡는 정책 마련에 정확한 출발점이 될 수도 있다.

이처럼 AI의 용도에 따라 AI의 공정성, 정확히는 AI 산출물의 공정성은 추구할 만한 가치일 수도 있고 그렇지 않을 수도 있다. 특히 현재 사용되는 AI의 대부분은 현재까지 수집된 데이터를 기계학습하고 그 데이터 집합에서 발견되는 규칙성 혹은 패턴이 가까운 미래에도 성립할 것이라는 전제하에 미래를 예측한다. 이는 AI의 예측이 근본적인 수준에서 '보수적'일 수밖에 없음을 의미한다. 현재까지 행해져왔던 사회적 결정과 행동의 패턴이 미래에도 그대로 적용될 것이라는 가정을 깔고 있기 때문이다. 이런 목적으로 만들어지고 활용된 AI의 산출물이 공정하지 못하다고 비판하는 것은 그 자체로는 맞는 이야기지만, 사실 초점을 잃은 비판일수 있다.

이제 질문을 좀 더 정교하게 가다듬어 보자. AI의 제작 목적에 따라 그 산출물의 공정성을 요구하지 말아야할 AI가 분명 존재한다. 그러므로 이런 종류의 AI를 제외하고 우리가 AI의 산출물의 공정함 자체를 요구해야 할 AI가 분명있을 것이고, 그에 대해 공정하기를 요구하는 것은 윤리적으로 바람직할 것이다. 문제가 된 이루다처럼 수많은 사람들과 예측하기 어려운 방식으로 상호작용하는 사회적 대화형 AI의 경우에는 당연히 그런 공정성에 대한 요구가 강해질 수밖에 없다.

하지만 이 경우조차 사안은 여전히 복잡하다. 이루다와 같은 사회적 파급효과가 큰 AI에 공정함을 요구하는 것이 규범적으로 타당하다는 점에는 논란의 여지가 없지만, 그때 요구되는 공정성이 어느 정도 수준이어야 하는지에 대해서는 사람들 사이의 직관이 쉽게 일치하지 않기 때문이다. 예를 들어 사람들에게 웃음을 선사할 목적으로 제작된 오락 프로그램에 지나치게 강력한 도덕적 잣대나 '정치적 올바름(political correctness)'을 요구하는 것은 오락 프로그램의 본질을 훼손하는 것이라는 비판이 있다. 우리는 챗봇 AI가 논란의 소지가 완벽하게 제거된, 물샐틈없이 '도덕적인 문장'만을 발화하기를 원하는가?[4]

헌법이 보장하는 표현의 자유와의 충돌 문제도 있다. 물론 표현의 자유가 다른 모든 사회적 가치를 희생하면서까지 반드시 지켜야 할 절대적 가치는 아니다. 많은 나라들이 자국의 역사적, 문화적, 사회적 상황에 따라 특정 종류의 혐오표현에 대해서는 법적으로 처벌할 근거를 마련한다. 그러므로 우리는 AI 설계 단계부터 표현의 자유와 다른 사회적 가치의 맞교환 문제를 고민해야 한다. 중요한 것은 이루다와 같이 공정함을 요구할 필요가 있는 AI의 기획 및 제작 단계에서는 어느 정도의 '공정함'이 적절한 수준인지를 미리 고민하고 이를 알고리즘이나 데이터 수집 및 활용 과정에 반영하는 것이다.

이상의 논의를 정리해 보면 다음과 같다. 우리
는 사회적 상호작용을 비롯하여 사람들의 행동이나 가치에
큰 영향을 끼치는 AI의 '산출물'이 공정할 것을 요구해야 한
다. 그런데 어느 수준의 공정함을 요구해야 할지는 AI 제작
단계에서부터 충분한 학제적 논의를 통해 결정되어야 하다.
또 이러한 결정 내용이 알고리즘 자체나 훈련 데이터의 수집
및 활용 과정에 반영되어야 한다. 핵심은 AI가 단순히 공학자
들이 만드는 기술이 아니라 우리 사회 전체의 윤리적 공감대
를 반영해야 할 문화적 산물이라는 점을 인식하고 실천하는
것이다.

이상의 논의를 통해 우리는 AI 윤리가 무엇인지
에 대해 답할 준비가 되었다. AI 윤리는 (먼 미래에 등장할 일반지
능을 갖춘 AI를 배제하면) AI의 산출물, 특히 인간의 지속적인 통
제를 받지 않는 '자동화된 결정(automated decisions)'이 기본 인
권 등 우리가 소중하게 여기는 다양한 사회적 가치를 최대한
존중하는 방식으로 활용되기 위해서 어떤 점에 주목하고 어
떤 방식의 제도적 대응을 수행해야 하는지에 대한 논의이다.
그리고 이 논의와 그로부터 파생되는 제도적 실천은 AI 개발
과 활용의 전주기(entire lifecycle)에 적용되어야 하고, 그 논의
가 영향을 미치는 집단의 윤리적·문화적 공감대를 적극적으
로 고려해야 한다.

5

AI 윤리의 글로벌 스탠다드와
지역적 고려

글의 처음에서 우리는 AI 윤리에 대한 국제적 논의가 '윤리'
를 '에틱스(ethics)'의 의미로 넓게 이해하는 바탕에서 이루어
지고 있다는 점을 지적했다. 그런 이유로 어떤 것이 윤리적으
로 타당한 결론인지는 자명하지도 않고 모든 사람에게 동일
한 호소력을 갖지도 않는다. AI 윤리와 관련하여 자주 지적되
는 '공정함'의 문제 역시 예외가 아니라는 점도 확인했다.

　　　그래서인지 국제적 논의의 흐름은 각국의 정부
가 AI 윤리와 관련한 제도적 활동을 서로 공유하되, 모든 국
가에 일률적으로 적용되는 표준을 강요하는 것은 바람직하지
않다는 방향으로 가고 있다. 물론 IEEE처럼 '윤리적 설계' 인
증이 가능한 기술표준을 만들려는 시도도 있고, AI 기술개발
을 선도하는 미국이나 큰 시장을 가진 EU가 특정 AI 윤리 관
련 제도를 도입하면 다른 나라들은 어떤 식으로든 대응할 수
밖에 없는 것도 현실이다. 하지만 미국과 EU의 변화에 맞춰
국내 제도를 바꿔야 하는지는 논란의 여지가 있고, 미국과 EU

의 사회적, 문화적 지형의 차이 때문에 이 두 나라가 동일한 제도적 변화를 취할 가능성도 높지 않다.

이런 배경에서 AI 윤리의 국제적 논의는 규범적 호소력이 높은 윤리 원칙을 중심으로 하되, 그 윤리 원칙의 구체적 제도화에 있어서는 각국의 여건을 고려하는 방식으로 진행되고 있다. 즉, 글로벌 스탠다드와 지역적·맥락적 고려를 모두 중시하는 방식이다. 그렇다고 해서 국제 논의의 전체적인 흐름에 아무런 규칙성이 없는 것은 아니다. 오히려 국제 논의는 거의 예외 없이 '인권'과 '균형'을 강조하는 규칙성을 보인다.

우선 인권에 대한 강조는 유네스코 AI 윤리 권고를 비롯한 수많은 국제 AI 윤리 관련 문건에서 확인할 수 있다. 현실적으로 AI 기술의 활용이 인권을 훼손할 수 있다는 우려가 반영된 결과다. 특히 유럽권 국가들에선 법제화된 형태의 기본권(Basic Rights)만이 아니라 자연법적 맥락에서 불가침적 권리로 인정되는 '근본적 자유(Fundamental Freedom)'에 대한 강조가 두드러진다.

여기서 주목할 점이 두 가지 있다. 첫째는 대중 매체나 AI 관련 학술 논의에서 자주 등장하는 '로봇의 권리'나 '로봇에게 인격권을 부여할 가능성'에 대한 논의는 적어도 국가 단위의 논의에서는 찾아보기 어렵다는 사실이다. 로봇에게 법인격을 부여할 필요성이 비교적 가장 활발하게 논의된 자율주행차의 경우조차 마찬가지이다. 이는 결국 AI 윤리의 추상적 원칙 수준이나 실제 법제도화 수준 모두에서 '인권'에 대한 배타적 강조가 두드러짐을 보여준다. 물론 AI 기술이 좀 더 발전해서 동물해방론을 주창한 윤리학자 피터 싱어(Peter Singer)가 말하는 '(도덕적 고려의) 원 확장하기(expanding the circle)'에 많은 사람들이 공감하게 된다면 상황이 달라질 수 있다(Singer 2011). 하지만 그런 '확장'이 사회적 공감대를 확보하기 전까지는 로봇이나 인공지능을 도덕적 논의의 맥락에서 동물에 비유하는 것은 아직 시기상조라고 판단된다.

둘째는 AI 윤리 관련 여러 문건에서 '편협한' 인간중심주의에 대한 비판이 등장함에도 불구하고, 대부분의 논의에선 인권을 비롯한 인간적 가치에 대한 강조가 여전히 강한 호소력을 갖고 있다는 사실이다. 예를 들어, 유네스코 AI 윤리 권고에서는 생태적 번영(ecological flourishing) 등의 개념을 통해 인간이 생태계의 일원임을 기억하고 기술 발전 과정에서 이에 합당하게 실천할 것을 요구하고는 있다. 하지만, 문건의 다른 부분에서는 인류의 기본권에 대한 강조가 두드러진다. 그나마 유네스코 권고안은 다양한 윤리적 고려 사이의 맞교환의 중요성을 언급하지만, 다른 AI 윤리 문건에서 생태적 고려는 AI 활용에서 에너지 및 환경폐기물 문제와 관련한 정도에 그친다.

인권만큼이나 AI 윤리 국제 논의에서 두드러진

경향은 AI 기술 혁신과 사회적 가치 보전 사이의 '균형'에 대한 강조이다. 이는 EU나 OECD 문건에서 두드러지는데, AI 기술이 가져올 수 있는 인류복지에 대한 잠재적 혜택을 강조하고 그런 이유로 AI 기술 혁신이 중요하다는 점을 분명하게 지적한다. 다만 이때 AI 기술 혁신은 '사회 속의 혁신'이 되어야 한다. 즉, 인권을 비롯하여 현재 각국의 사회적 맥락에서 중요시되는 가치를 훼손하지 않는 방식으로 혁신이 이뤄져야 한다는 것이다.

이런 AI 윤리의 국제 논의는 AI 기술 자체에 대한, 혹은 적어도 그 기술의 잠재적 혜택에 대한 긍정에서 출발한다는 점에서 유전공학이나 나노기술처럼 앞선 '신기술' 유행과는 조금 다른 양상을 보인다. 예를 들어 현재 진행 중인 AI 윤리 관련 국제 논의에서 AI 기술의 잠재적 위험을 들어 AI 기술 개발 자체를 중지해야 한다고 주장하는 경우는 찾아보기 어렵다. 물론 치명적 자율무기(LAWs : Lethal Autonomous Weapons)로서의 AI는 전면 금지해야 한다는 지적은 자주 볼 수 있지만, 이 경우 역시 전반적인 AI 윤리 논의에서 (여러 정치적 이유로) 가볍게 언급되거나 아예 다루어지지 않는 경우가 많다.

이상의 논의를 통해 우리는 AI 윤리의 국제적 지형이 다소 복잡한 양상이라는 점을 알 수 있다. 국내 논의에서, 특히 기업에 대한 규제가 논의될 때마다 자주 언급되는

'국제 기준'은 분명 존재하지만, 그 내용은 인권과 균형을 강조하는 것이기에 결국 그 구체적 제도화에 있어서는 각국 정부의 판단이 작용할 여지가 상당히 많다. 하지만 AI 기술 개발과 활용은 국제적 파급력을 갖기 때문에, 각국이 자국의 상황만을 고려해서 정책적 대응을 하는 것은 비현실적이다. 그러므로 현 단계에서 우리가 취할 적절한 제도적 대응은 국제 논의의 동향을 잘 분석하고 국내 상황을 고려한 내부 논의를 지속하는 것이다. 또 가능하다면 역으로 국내 논의의 결과를 국제 기준 마련에 반영하는 방식으로, AI 윤리의 국제적 제도화 과정에 적극적으로 참여할 필요가 있다. 이를 위해서는 국제적 논의에서 인권과 균형 같은 개념의 내용을 정확하게 파악하는 것도 중요하지만, 국제 논의에서도 합의점 도출이 어려운 논쟁적 주제에 대해 국내 논의 결과를 바탕으로 적극적으로 건설적인 의견을 제시함으로써 국제 합의 과정에 기여하려는 노력을 기울여야 한다.

6

적응적 거버넌스(Adaptive Governance)와 AI 윤리 교육[5]

이상의 논의를 통해 우리는 AI의 설계·활용·폐기를 비롯한 전주기적 과정에서 바람직한 사회적 대응이 무엇이어야 하는지에 대해 중요한 시사점을 얻을 수 있었다.

첫째는 AI 윤리의 사회적 대응 과정은, 국제적으로 대체적 합의가 이루어진 AI 관련 윤리 원칙의 내용을 가져다 국내 제도에 반영하는 방식으로는 결코 얻어질 수 없다는 것이다.

앞서 설명했듯이 추상적 원칙 수준에서는 광범위한 합의가 국제적으로 형성되어 있지만, 그것을 제도화하고 법률로 만드는 과정에서는 상당한 추가 논의가 필요하기 때문이다. 이런 추가적 논의는 각각의 제도화나 규제가 이루어지는 국소적 맥락을 고려하여 이루어져야 한다. 국제적 논의 흐름을 수동적으로 반영하는 소극적 태도가 아니라, 국제 논의 과정에 주도적으로 참여하여 바람직한 AI 윤리의 제도화를 이루려는 적극적 노력이 필요하다.

우리가 대체적으로 합의한 윤리 원칙들도 구체적인 상황에서는 서로 충돌하는 경우가 많다. 이들 사이에서 합당한 방식의 맞교환을 고안해 내야하고, 이를 위해서는 AI 윤리 관련 당사자를 포함한 사회적 논의와 조정 과정이 필요하다.

유네스코는 AI 윤리 거버넌스가 세세한 부분까지 완결된 형태로 규정을 제시하는 방식의 제도화를 권하지 않는다. AI 윤리에 대한 사회적 공감대와 국제적 합의가 도출된 내용과 영역부터 차례차례 제도화를 시행하되, 향후 AI 기술이 더 발전하고 사회적 인식에도 변화가 온다면 이를 반영하여 수정될 수 있도록 '유연한' 방식으로 제도화가 이뤄져야한다는 점을 강조한다. 유네스코 AI 윤리 권고는 이를 '적응적 거버넌스(adaptive governance)'라는 개념으로 설명한다. AI 기술 개발의 불확실성과 각국의 제도적 대응의 불확실성을 고려할 때, 우리나라도 AI 윤리의 제도화 과정에 채택할 필요가 있는 접근 방식이라고 판단된다.

여기에 더해 AI 리터러시와 AI 윤리 교육의 중요성도 강조될 필요가 있다. 앞서 지적했듯이 AI 윤리(ethics)의 쟁점은 많은 경우에 논쟁적이다. 그 이유는 우리가 소중하게 여기는 윤리 원칙들에 대해 사람들은 대체적으로는 합의하지만, 구체적으로 제도화하는 단계에서는 이견이 많기 때문이다. 물론 법률적으로 보장받아야 하는 기본권에 대해 우리 사회는 이미 헌법적 가치로 합의하고 있다. 하지만 이렇게 법적·사회적으로 합의된 기본적 윤리 원칙들도 인공지능과 관련될 경우, 서로 다른 원칙들 사이에 충돌이 발생할 수 있다. 그래서 유네스코 AI 윤리 권고를 비롯한 많은 국제 인공지능 윤리 논의에서는 이런 '맞교환' 상황을 어떻게 해결해 나갈 것인지에 대해 사회적 논의와 현명한 결정이 필요하다고 강조하고 있다.

그러므로 우리의 AI 윤리 교육 역시 AI의 설계와 활용 과정에서 이런 문제가 발생할 수 있고 이런 문제는 이렇게 해결하면 된다는 식의 '정답'을 제시하는 방식이어선 안 된다. 우리 사회에서 AI 윤리 문제의 바람직한 해결책을 찾아 나갈 수 있도록, 도덕적 사고와 사회적 합의 도출의 '역량'을 키우는 교육이 되어야 할 것이다. 물론 그 전에 AI의 기술적 특징과 활용 방식에 대한 이해를 바탕으로 왜 이런 윤리적 문제가 발생하는지도 따질 수 있어야 한다.

이 과정에서 AI와 AI 리터러시 교육의 시너지 효과에도 주목할 필요가 있다. AI 윤리 교육은 AI 기술 자체에 대한 정확한 이해와 그 기술이 사회문화의 여러 측면과 맺는 다양한 상호작용의 성격을 올바르게 분석해 내는 역량에 기초해야 하기 때문이다. 이 부분이 AI 윤리의 성공적 제도화와 정책의 효율적 시행을 위해 결정적으로 중요하다는 점은 유네스코의 AI 윤리 권고에서 잘 지적하고 있다.

그리고 AI 윤리 교육 역시 전 국민을 대상으로 하는 '보편 시민교육'으로서, AI 코딩 교육보다는 훨씬 더 핵심적인 위치를 차지해야 하는 것이 마땅하다. AI 인터페이스의 발전 방향에 따라 우리 대부분은 직접 AI 코딩을 하지 않고도 살 수 있을지 모르지만, AI 기반의 자동화된 결정으로 운영되는 사회에서 살아갈 것은 거의 확실해 보이기 때문이다. 이런 점을 고려할 때 AI 윤리의 제도화 과정은 정부와 AI 개발자 및 운영자 사이의 정책적 조율로만 진행될 사안이 아니다. AI 사용자의 대다수인 일반 시민들이 AI 윤리의 제도화 과정에 개입할 수 있어야 하며, 그러기 위해선 포괄적 의미의 AI 리터러시를 확보할 수 있는 교육을 제공해야 한다. 현재 AI 코딩 교육에만 집중되고 있는 우리나라의 AI 리터러시 정책은 AI 윤리의 관점에서 적극적으로 재검토되어야 한다.

결론적으로 구체적 수준의 AI 윤리 거버넌스는 국가별로 역사적, 사회적, 문화적 상황에 대한 치밀한 분석과 연구에 기초하여 이루어져야 한다. '경쟁적으로' 먼저 법제도화를 달성하겠다는 식의 생각은 바람직하지 않다.

AI 기술 개발 공학자나 AI 사업가들은, AI 윤리의 제도화에 대해 껄끄러운 '규제'가 또 하나 생긴다고 불편해할 수 있다. 기술 개발과 산업 현장의 입장에서 규제란 곧 '혁신 저하'로 여겨질 수 있지만, 기술혁신의 역사에서 이는 사실이 아니다. 1970년대 자동차 배기가스 규제가 도입될 때를 되짚어보자. 당시 미국의 자동차 회사들은 배기가스 규제가 생산력을 저하시키고 소비자의 권익도 해칠 것이라며 극렬하게 반대했다. 하지만 이 규제는 친환경적 내연기관의 기술 혁신을 낳았고, 배기가스 저감장치 등 파생기술 개발로도 이어졌다. 그 어떤 기준으로 평가하더라도, 1970년대의 배기가스 규제가 기술혁신을 막았다든지 소비자 권익을 해쳤다고 볼 근거는 없다. 이처럼 적절하고 합리적인 규제는 산업 환경을 바꿈으로써 기업의 기술혁신 의욕을 오히려 더 고취할 수 있으며, 사회적으로 유용한 방향으로 기술혁신을 유도할 수 있다. 혁신 잠재력이 큰 AI 기술에서, 앞서 강조한 '적응적' 방식으로 현명한 규제가 이루어진다면, 1970년대 배기가스 규제와 마찬가지로 기술혁신과 사회적 공익 실현을 동시에 달성할 수 있을 것이다.

7
과학과 가치,
실천적 연결고리로서의
'AI 윤리'

21세기의 특징 중 하나는 사회적으로 막대한 영향을 끼치는 윤리적 쟁점이 첨단 과학기술의 연구개발 및 활용과 관련되는 경우가 많다는 점이다. 인공지능이 제기하는 다양한 윤리적 고려 사항 역시 이에 해당된다. 그런데 인공지능 윤리의 국제적 논의에서 특이한 점은, 현재 연구가 진행 중인 과학기술임에도 불구하고, 연구자와 산업계 등 절대 다수의 이해당사자들이 인공지능에 대한 윤리적 대응이 필요하다는 점에 합의하고 있다는 사실이다.

AI 윤리 논쟁은 현대 과학기술과 가치가 만나는 접점을 실천적으로 탐색하고 좀 더 나은 대응 방안을 모색할 수 있는 매우 좋은 사례라고 할 수 있다. 중요한 점은 AI 윤리는 국제적 논의의 지평을 염두에 두되 결국은 한국 사회에서 우리의 힘으로 국소적 맥락을 고려해서 탐색하고, 그 결과를 사회적·제도적으로 실현해야 한다는 사실이다.

    과학과 가치의 연결 고리는 추상적 논의에 머무는 것이 아니다. 바로 이 글에서 살펴본 인공지능 윤리의 사례처럼 대단히 구체적이고 실천적이다. AI 윤리는 우리 사회를 보다 바람직하게 만드는 데 결정적 역할을 담당할 것이다.

함께 생각해 볼 문제

1

인공지능 기술은 아직 완성된 기술이 아니라 현재 연구개발이 한창 이루어지고 있는 '진행형' 기술이다. 현재진행형 기술의 미래에 대해서는 전문가들조차 정확하게 예측하기 어렵다. 그런데 관련 전문성도 갖추지 않은 일반 시민이 '바람직한' 인공지능 기술 개발에 대해 어떤 도움을 줄 수 있을까? 민주주의 원칙에 따라 일반 시민의 의견을 반영하는 것이 마땅해 보이기는 하지만 그 구체적 방법으로는 어떤 것이 적절할까?

2

인공지능의 설계 단계에서부터 윤리적 원칙을 잘 반영하여 '신뢰할 만한(trustworthy)' AI를 만들자는 제안이 최근 강조되고 있다. 이런 윤리적 문제를 일으키지 않는 '신뢰할 만한' AI를 만들기 위해 설계 단계에서 반드시 고려해야 할 윤리 원칙은 어떤 것이 있을까?

3

인공지능 기술의 사회적 영향은 인류 전체에게 미치겠지만,
현실적으로 인공지능 기술 개발 역량은 나라마다 상당한 차이가 있다.
이 사실에 근거해서, 인공지능 개발 선도 국가와 후발 국가에 동일한
윤리 기준을 적용하는 것은 현재의 인공지능 기술 격차를 지키려는
연구 선진국의 음모라는 주장도 제기되고 있다. 기술 격차가 상당한
현실을 고려할 때, 윤리적으로 바람직한 인공지능 연구개발의 국제
협력 방식은 어떠해야 할까?

1

이 절의 일부 내용은 필자가 고등과학원 웹진 <HORIZON>에 2021년 5월 31일 발표한 「AI 윤리란 무엇인가?」를 바탕으로 작성되었다.

2

앞서 소개한 유네스코 AI 윤리 권고는 이 점을 명확하게 인식하고 이 맞교환을 합리적으로 수행하는 것의 중요성을 강조하고 있다. 이는 유네스코 AI 윤리 권고가 다른 AI 윤리 관련 국제 문서와 차별점을 보이는 대목 중 하나이다.

3

이 절의 일부 내용은 필자가 〈과학동아〉에 2021년 3월호에 기고한 내용('공정성을 보는 세 가지 시선')을 바탕으로 작성되었다.

4

이런 점을 고려하여 인공지능 학자 스튜어트 러셀은 우리 인류의 도덕 원칙을 '존중하는' AI를 만들 때 모두가 동의할 수 있는 윤리 원칙을 아시모프의 로봇 3법칙처럼 인공지능에게 '집어넣는' 방식은 실행 불가능하다고 판단한다. 대신 그는 인류 구성원의 행동을 공리주의적 공평함으로 관찰하여 인간의 윤리 원칙을 '추론해 내는' 인공지능을 제안한다(Russell 2020).

5

이 절의 일부 내용은 이상욱·이호영(2021)에서 필자의 저술 내용을 바탕으로 작성되었다.

김명주. 2022. 『AI는 양심이 없다』. 헤이북스.

이상욱·이호영. 2021. 『AI 윤리의 쟁점과 거버넌스 연구 : 인공지능(AI) 윤리와 법(1)』. 유네스코한국위원회.

이상욱·조은희 엮음. 2011. 『과학 윤리 특강 – 과학자를 위한 윤리 가이드』. 사이언스북스.

이중원 외.
2018. 『인공지능의 존재론』. 한울.
2019. 『인공지능의 윤리학』. 한울.
2021. 『인공지능 시대의 인간학』. 한울.

한국인공지능법학회. 2019.
『인공지능과 법』. 박영사.

Collins, Harry and Evans, Robert. 2017. *Why Democracies Need Science?*. Oxford: Polity. [해리 콜린스·로버트 에번스(고현석 역). 2018. 『과학이 만드는 민주주의』. 이음.]

Fry, Hannah 2019, *Hello World: How to Be Human in the Age of the Machine*. London: Transworld Publishers Ltd. [해나 프라이(김정아 역). 2019. 『안녕, 인간』. 와이즈베리]

Gans, Joshua, Goldfarb, Avi and Agrawal, Ajay. 2018, *Prediction Machines: The Simple Economics of Artificial Intelligence*. Cambridge: Harvard Business School Press. [어제이 애그러월·조슈아 갠스·아비 골드파브(이경남 역). 2019. 『예측 기계』. 생각의 힘]

IEEE. 2019. Ethically Aligned Design. 1st Edition. (https://ethicsinaction.ieee. org/#series 참조)

Kaplan, Jerry. 2016. *Artificial Intelligence: What Everyone Needs to Know*. Oxford: Oxford University Press. [제리 카플란(신동숙 역). 2017. 『제리 카플란: 인공지능의 미래』. 한스미디어]

Mason, Paul 2016, *Postcapitalism: A Guide to Our Future*. London: Panguin Books. [폴 메이슨(안진이 역). 2017. 『포스트 자본주의 새로운 시작』. 더퀘스트]

Mitchell, Melanie. 2020. *Artificial Intelligence: A Guide for Thinking Human*. New York: Picador.

Reich, Paul, Sahami, Mehran and Weinstein, Jeremy. 2021. *System Error: Where Big Tech Went Wrong and How We Can Reboot*. New York: HarperCollins. [롬 라이히·메흐란 사하미·제러미 M. 와인스타인(이영래 역). 2022. 『시스템 에러: 빅 테크 시대의 윤리학』. 어크로스.]

Russell, Stuart. 2020. *Human Compatible: Artificial Intelligence and the Problem of Control*. New York: Viking Press. [스튜어트 러셀(이한음 역). 2021. 『어떻게 인간과 공존하는 인공지능을 만들 것인가』. 김영사.]

Singer, Peter. 2011. *The Expanding Circle: Ethics, Evolution, and Moral Progress*. Princeton, NJ: Princeton University Press. [피터 싱어(김성한 역). 2012. 『사회생물학과 윤리』. 연암서가.]

Susskind, R. and Susskind, D. 2017. *The Future of Professions: How Technology Will Transform the Work of Human Experts*. Oxford: Oxford University Press. [리처드 서스킨드·대니얼 서스킨드(위대선 역). 2016. 『4차 산업혁명 시대, 전문직의 미래』. 와이즈베리.]

UNESCO. 2019. *Preliminary Study on the Ethics of Artificial Intelligence*. (https://unesdoc.unesco.org/ark:/48223/pf0000367823)

UNESCO. 2020. *First Draft of the Recommendation on the Ethics of Artificial Intelligence*. (https://unesdoc.unesco.org/ark:/48223/pf0000373434

손화철

기술의 가치중립성 : 그 함의와 한계, 그리고 과제[1]

"의외로 많은 공학자들이 기술과 가치를
연결 지을 때 하는 답변이 있다. "공학을 하는
이유는 '재미있기 때문'이다." 그런데 흥미롭게도
이런 말이 나오는 순간은 특정한 공학 활동에
제한을 가해야 한다는 주장에 대한 반박이
필요할 때이다. 과학에서 강조하던 학문을 위한
학문, 호기심에 의한 자연의 탐구는 공학에서
'문제풀이의 재미'로 그 외양을 살짝 바꾸었다."

손화철

한동대 글로벌리더십학부 교수(철학). 주요 연구 분야는 기술철학의 고전이론, 기술과 민주주의, 포스트휴머니즘, 기술과 현대 미디어, 빅데이터, 인공지능, 미디어 이론, 공학윤리, 연구윤리 등이다. 서울대에서 철학을 전공했으며, 벨기에 루벤대에서 석사·박사학위를 받았다. 저서에 『미래와 만날 준비』, 『호모 파베르의 미래』, 『랭던 위너』, 『토플러&엘륄: 현대 기술의 빛과 그림자』, 『과학기술학의 세계』(공저), 『과학철학: 흐름과 쟁점, 그리고 확장』(공저), 『욕망하는 테크놀로지』(공저) 등이 있으며, 『불평해야 할 의무』, 『길을 묻는 테크놀로지』 등을 우리말로 옮겼다.

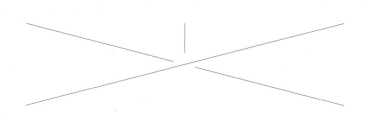

1

가치, 윤리, 규범, 당위

기술은 가치중립적인가? 이 물음은 매우 직선적이고 간단해 보이지만, 기술의 본질과 성격에 대한 근본적 질문이다. 그런데 이 물음에 긍정하거나 부정하는 입장을 대조하고 비교하는 논의는 잘 알려진 반면, 정작 기술의 가치중립성 문제가 제기되는 맥락이나 그 정확한 의미에 대한 분석은 별로 없다. 그러다 보니 기술과 가치가 연결되는 지점이 정확히 어디이며 어디여야 하는지에 대한 탐구도 충분하지 않다.

　　　　이 글에서는 기술의 가치중립성 논의를 할 때 상정하고 있는 '가치'의 개념이 무엇인지를 묻는 것으로 시작하여 관련 논의가 어떤 함의를 가지는지를 분석한다. 특히 '윤리', '에틱스(ethics)', '규범' 같은 개념들이 가치와 어떻게 구분되어서 사용되는지 살펴볼 것이다. 또 과학과 관련해서도 가치중립의 문제가 널리 논의되는 바, 과학과 기술의 영역에서 가치중립이 각각 어떻게 다르게 이해되는지도 차례로 탐구할 것이다.[2] 과학의 영역에서는 사실과 가치의 구분이 학문의 문제와 연결되며, 기술의 영역에서는 다시 이 문제가 공학자가 말하는 '재미'와 연결되는 지점이 있음을 밝힌다. 기술철학에서 기술의 중립성을 비판한 다양한 접근이 있었음을 살펴보고, 그럼에도 여전히 남아 있는 '중립성 신화'를 지적한다. 마지막으로 기술을 가치의 각축장으로 보는 것이 기존의 기술발전을 설명할 수 있을 뿐 아니라 기술과 가치가 의미 있는 방식으로 연결되는 계기가 될 수 있음을 논증할 것이다.

기술의 가치중립성을 논할 때 가장 먼저 떠오르는 의문은 왜 '윤리'가 아닌 '가치'를 논하며, 그 둘의 차이가 무엇인가 하는 것이다. 우리는 왜 기술의 윤리적 중립성이라 하지 않고 기술의 가치중립성이라 하는가?

'윤리'와 '가치'는 종종 동의어처럼 사용되기도 하지만, 그 용법을 자세히 살펴보면 차이가 있다. 단순하게 이야기하자면, 윤리는 옳고 그름을 구분하려는 노력과 연결되는 반면, 가치는 그 개념이 다소 모호하다. 가치는 사람들이 부여하는 중요성의 정도와 연결되어 있다. 사람들이 윤리적 옳음을 중요하게 여길 경우 윤리와 가치가 비슷한 의미를 가지지만, 다른 중요한 요소와 연결할 때에는 용법이 달라진다. 예를 들어 어떤 서비스가 경제적 가치를 지닌다고 해서 그것이 윤리적 가치를 지닌 것은 아니다. 달리 말하면 가치가 있다는 말의 외연이 윤리적인 옳음보다 더 넓다.

'규범'은 합의에 의해서 정형화된 행위의 규칙이다. 당연히 윤리와 가치가 특정한 규범의 근거가 되기도 한다. 그러나 윤리 및 가치와 직접적으로는 무관한 내용에 대한 규범도 있다. 사회를 유지하기 위해 만들어지고 통용되는 수많은 규칙들이 그 예이다. 이는 앞의 글에서 이상욱이 우리나라에서 윤리(倫理)라는 말이 사용되는 용법과 서양의 에틱스(ethics) 사이에 미세한 차이가 있다고 지적한 내용과 일부 연결되기도 한다. 그에 따르면 "우리의 윤리 개념이 개인적 사안과 관련된 것이며 명백한 잘잘못을 다룬다는 특징"을 가지는 반면, 에틱스(ethics)는 그 어원상 "집단이나 분야마다 공유되는 올바름의 기준이 다를 수 있는, '관습'의 의미가 포함"된다고 한다. 따라서 에틱스(ethics)는 개인적 수준과 사회적 수준을 가로질러 특정 집단의 고유한 내적 규범을 의미할 수도 있는 것이다(이상욱 2021).

윤리와 규범은 '어떠해야 함' 혹은 '어떻게 해야 함'이라는 의미의 '당위'로 이어진다. 윤리가 옳고 그름을 따지다 보니, 윤리적 판단은 당위적 명령이 되는 경우가 많다. 윤리적 판단에 따른 행위를 하지 않으면 비윤리적인 사람이 되고 도덕적 비난의 대상이 된다. 이 사실은 특정 사안에 대한 윤리적 논의에서 그 결론은 언제나 모종의 합의, 그것도 완전한 합의로 이어져야 한다는 기대 하에 이루어진다는 의미다. 같은 행위가 옳기도 하고 그르기도 할 수는 없기 때문이다.

당연한 말이지만, 윤리, 규범, 당위는 서로 얽혀 있는 개념들이다. 규범은 그 자체 안에 행동을 요구하는 특징이 있다. 규범은 지키기 위해 만든 것이어서 만들어지는 순간 당위로 이어진다. 그러나 특정 규범을 지켜야 한다는 당위 자체에 대해 의문을 품을 수 있다. 이 경우에는 규범을 지키거나 지키지 않는 것 자체가 윤리적인 옳음과 그름의 문제가 되기도 한다.

이와 달리 가치 평가에서는 개인이나 집단에 따라 각각 서로 다른 결론에 이르기도 하는데, 이때 그 다름은 정도의 문제인 경우가 많다. 그래서 가치 평가에 대해 이견이 생길 경우에는 협상의 공간이 생겨난다. 결과적으로 윤리적 판단의 외연은 확장되기 어려운 반면, 가치의 경우에는 고정된 평가보다 시공간의 환경적 요인에 영향을 받기도 한다.

위의 논의와 연결해서 이야기하자면, 가치는 윤리적인 옳음보다 외연이 크고, 고정되기보다는 가변적인 평가 기준을 가진다. 그런데 이렇게 말하고 나면, 가치 중에 윤리에 속하는 부분은 완전한 합의를 요구하여 고정적이고, 윤리에 속하지 않는 부분은 가변적이라 볼 수도 있다. 그러나 이런 구분은 어디까지나 상대적이다. 윤리적 옳음을 이야기할 때에도 불변의 고정된 옳음이 아닌 사회적 합의에 의해 변할 수 있는 옳음을 얼마든지 상정할 수 있다. 물론 이 말은 서로 반대되는 입장을 동시에 모두 옳다고 할 수 있다는 것이 아니라, 시간이나 공간의 차이를 두고 옳음의 기준이 바뀔 수 있다는 의미이다. 또한 윤리적 옳음과 무관하더라도 효율성의 법칙과 같이 특정한 범위 내에서 고정된 기준으로 평가할 수 있는 경우가 있다.

이렇게 개념들의 의미와 특징이 중첩되는 부분은 있지만, 여전히 가치, 윤리, 규범, 당위 같은 개념을 동의어처럼 사용하는 것은 곤란하다. 이 개념들을 맥락에 따라 조심스럽게 사용하고 해석하면, 지금까지 기술철학에서 논의되어 온 주제들을 좀 더 질서정연하게 이해할 수 있다.

2
과학의 중립성 :
과학이론은 객관적인가?

기술과 가치의 문제를 다루기 전에, 먼저 과학 연구와 관련해서 논의되는 사실과 가치의 구분을 살펴볼 필요가 있다. 이때 '가치'가 기술과 함께 논의될 때의 가치와 같은지 다른지, 그리고 다르다면 어떤 의미에서 그러한지를 분석해 보아야 한다.

1 　　　　사실과 가치의 구분

과학은 사실에 대한 학문으로 가치와 무관하다는 주장은 지금까지도 일반인의 상식이다. 다른 활동과 달리 과학, 나아가 학문은 앎 자체를 목적으로 삼기 때문에 어떤 바람이나 당위, 윤리적인 원칙 같은 것에 영향을 받거나 다른 부차적인 목적을 가지지 않고 오로지 객관적인 사실을 추구한다는 것이 강조된다. 인간의 모든 활동은 특별한 목적과 지향을 가지지만 학문은 있는 그대로의 사실만을 반영해야만 한다는 것이다. 자연과학의 경우 관찰 가능하고 수량화와 일반화가 가능한 것을 연구의 대상으로 삼고, 이를 가치가 아닌 사실의 영역으로 받아들인다. 근대 이후 자연과학, 그 중에서도 물리학이 학문의 대표로 여겨진 것도 이 때문이다. 사회학이나 역사학처럼 객관적 사실이 무엇인지 특정하기가 쉽지 않은 경우에도, 연구의 대상과 관련하여 최대한 사실을 있는 그대로 반영하도록 방법론의 확립에 많은 공을 들인다.

반면 가치는 사실에 기초를 두지 않은 감정 상태, 즉 주관적인 평가와 연결되기 때문에 일관되지 않으며 객관적이지 않은 것으로 여겨진다. 정치적 이상이나 종교적 목적, 개인적 지향은 모두 정확한 사실 파악에는 오히려 방해가 되는 것들로 가치의 영역에 속한다. 가치는 그 자체로 학문 연구의 대상이 되지만, 학문 연구의 과정에는 개입할 수 없다. 그러니까 과학이 가치중립적이라는 말은 그것이 주관적이거나 편협하지 않고 객관적인 사실만을 다룬다는 의미다.

그러나 이러한 객관성의 개념은 20세기 중반부터 강한 반발에 부딪혔다. 조금만 생각해 보면 어떤 식으로든 가치가 개입되지 않은 사실이란 없다는 것이다. 우선 모든 학문 활동은 언어를 사용해서 이루어지는데, 언어 자체가 한 사회의 이런저런 가치들을 반영한 결과물이다. 또 특정한 학문 활동 자체가 한 시대의 맥락을 전제로 한다. 예를 들어 서양

중세에는 신학과 철학이 중요한 비중을 가졌지만 근대에 들어서는 자연과학이 학문 활동의 대표가 되었는데, 이 자체가 일정한 시대적 가치의 반영이라고 봐야 한다. 나아가 사실과 가치의 구분이라는 구도 자체가 근대의 산물이라는 주장도 가능하다.

자연과학의 영역에도 객관성에 대한 이러한 도전은 그대로 적용됐다. 자연과학에서 객관적 이론 성립의 핵심 근거가 되는 관찰이 언제나 이론의존적이라는 주장이 대표적이다. 관찰은 관찰자가 속한 사회, 환경, 그리고 그 관찰이 필요하게 된 이론 자체에 영향을 받기 때문에 완전히 중립적인 관찰은 불가능하다는 것이다. 특정한 연구 주제가 일정한 맥락에서 주어진다는 점까지 고려하면 가치로부터 완전히 독립한 과학 활동은 불가능하다는 것을 알게 된다.

결정적으로 토마스 쿤(Thomas Kuhn)의 패러다임 이론(Kuhn 1999)은, 자연과학 연구의 객관성이 과학자 사회의 합의에 근거한다는 주장으로 엄청난 충격을 주었다. 과학적 활동이 가설의 설정과 관찰을 통한 반증이라고 주장한 칼 포퍼(Karl Popper)는 여전히 관찰을 통한 객관적 사실의 확인에 비중을 두었지만, 쿤은 가설의 설정 자체가 과학자 사회가 널리 받아들이는 패러다임을 벗어나지 않는다고 주장한 것이다. 과학적 실재론에 대한 여러 가지 논의는 아직도 현재진행형이지만, 위에서 언급한 것과 같은 사실과 가치의 단순한 구분은 과학철학에서 더 이상 받아들여지지 않는다.

2   학문의 자유와 공학의 '재미'

사실과 가치의 구분은 '학문의 자유' 개념과도 밀접하게 연결되어 있다. 학문은 특정한 가치를 옹호하기 위한 도구가 아니라 객관적 사실을 탐구하는 활동이기 때문에, 외부의 간섭이나 압력에 굴복해서는 안 된다는 것이다. 학문은 사실만을 다루어야지 정치적 입장이나 종교적 신념에 영향을 받게 되면 왜곡이 일어난다는 주장이다.

과학철학의 연구를 통해 사실과 가치의 구분이 이전에 생각한 것만큼 분명하지 않다는 것이 밝혀졌다고 해서, 학문의 자유가 가지는 중요성이 약화된 것은 아니다. 학문 활동에 부당한 외압을 가하는 것이 학문의 발전에 위해를 끼친다는 생각은 여전히 널리 인정된다. 외압의 형태가 아니더라도, 학자라면 자신의 입장이 객관적 사실에 근거한다고 할 뿐이지, 자신이 가진 종교나 정치적 신념에 영향을 받았다고 인정하는 경우는 거의 없다. 학문은 사실 위에 오롯이 서 있고, 학자는 다른 것이 아닌 그 사실을 파악하기 위해서만 연구하며, 어떤 가치도 자발적으로든 비자발적으로든 그에 영향을 미쳐서는 안 된다. 이런 맥락에서 몇몇 과학자들은 연구 윤리의 한 항목으로 '과학의 사회적 책임'을 논의하는 것 자체를 거부한다. 과학 활동은 진리를 향한 탐구이기 때문에 그 활동에 사회적 책임의 이름으로 이런저런 제약을 가하는 것도 학문의 자유를 침해하는 것으로 본다. 이들은 예를 들어 인간 배아에 유전자 가위 기술을 적용하는 것을 다른 이유가 아닌 사회적 책임을 이유로 막는다면 부당하다고 볼 것이다.

공학자들의 경우에는 기술과 가치를 연결 지을 때 종종 "공학을 하는 이유는 '재미있기 때문'"이라고 말하곤 한다. 물론 학문이나 교육의 맥락에서 이런 이야기를 하지는 않지만, 의외로 많은 공학자들이 공학을 하는 이유 중 하나로 '재미'를 꼽는다. 그런데 흥미롭게도 이런 말이 나오는 순간은 이런저런 이유로 특정한 공학 활동에 제한을 가해야 한다는 주장에 반박이 필요할 때이다. 즉, 공학자들이 어떤 문제를 풀기 위해 노력하는 것은 그 경제적, 기술적 유용성이나 그 결과로 일어날 일에 대한 고려가 아닌 문제풀이 자체에 대한 지적 열정 때문임을 강조하면서, 그런 노력을 공학 외적인 이유로 막는 것은 부당하다는 주장을 펼친다.

이런 접근은 다음 절에서 논의할 기술의 중립성 개념과는 다소 차이가 있다. 오히려 이러한 공학자의 주장은, 과학에서 사실과 가치를 구분하면서 이를 다시 '학문의 자유'로 연결 짓는 것과 유사하다. 사실을 탐구하는 한 학문의 자유가 보장되어야 하는 것처럼, 문제풀이를 시도하는 한 공학의 자유도 보장되어야 한다는 견해이기 때문이다.

3
기술의 중립성 :
기술에 대한 가치 판단이
가능한가?

1   기술의 가치중립성

이제 기술철학에서 중요하게 다루는 '기술의 가치중립성' 문제를 살펴보자. 기술의 가치중립성 논의는 기술의 도구성을 강조하는 입장과 연결되어 있다. 기술은 도구이기 때문에 도구의 기능성과 관련해서만 가치 판단을 할 뿐이지, 도구의 사용과 사용 목적에 대한 평가는 구분해야 한다는 것이다. 기능적으로 좋은 총과 나쁜 총이 있지만 도구로서의 총 자체는 중립적이어서 좋거나 나쁘다 말할 수 없다. 도구를 잘 사용해서 바람직한 결과를, 잘못 사용해서 악한 결과를 초래할 수 있지만 어떤 경우든 그런 평가는 도구와 무관하다. 예를 들어 핵폭탄을 히로시마와 나가사키에 떨어뜨려 민간인을 살상한 것은 비도덕적인 일이지만, 핵폭탄 자체를 나쁜 기술이라 할 수는 없다는 것이다.

이는 널리 퍼져 있는 견해이지만, 기술철학은 이를 여러 가지 차원에서 반박한다. 특히 특정 기술의 존재가 한 사회에 미치는 영향력을 무시할 수 없다는 사실이 강조된다. 다시 말해서 총으로 사람을 죽이지 않더라도, 총을 구하거나 일상적으로 사용할 수 있는 사회와 그렇지 않은 사회는 여러 가지 차이를 지닌다. 나아가 어떤 기술이 한 사회의 정치적인 구조와 구성을 바꾸거나, 아니면 특정 정치체계와 더 잘 양립가능한(compatible) 경우도 생각해 볼 수 있다(Winner 2010: 47). 이러한 주장과 관련하여 쟈끄 엘륄(Jacques Ellul)은 "기술과 기술의 사용을 구분해서 생각할 수 없다"[3]고 했고 랭던 위너(Langdon Winner)는 "기술은 정치적"이라는 말로 자기 견해를 요약했다(Winner 2010: 46~47).

마르틴 하이데거(Martin Heidegger)는 기술이 단순 도구라는 식의 일반적인 접근을 비판하면서 기술이 가진 존재론적 의미를 밝히는 데 주력했다(Heidegger 2008). 그에 따르면 기술은 우리 시대에 존재가 스스로를 드러내는 하나의 방식, 즉 세계가 인간에게 드러나는 방식이다. 기술 때문에 세상은 조작과 대체가 가능한 부품과 같은 대상으로 되어간다. 도구와 구분되는 별도의 목적을 위해 기술이 사용되는 것이 아니라, 기술 때문에 인간이 사유하고 목적하는 바가 달라지는 셈이다.

<u>2</u>　　　　　기술철학과 가치

기술의 가치중립성은 토론의 대상이지만, 기술철학은 당연히 가치를 전제한다. 20세기 전반부부터 시작된 기술철학의 대다수 논의는 기술이 어떤 방식으로 어떤 가치와 연결되어 있는지, 그리고 그 관계가 어떻게 개선되어야 하는지 등의 문제와 직간접적으로 연결되어 있다. 하이데거와 엘륄을 비롯한 고전적 기술철학자들이 현대 기술이 비인간화를 촉진한다고 비판했을 때, 이들은 이미 일정한 가치 판단을 하고 있었다. 경험으로의 전환(empirical turn)을 주장한 학자들은 기술이 민주주의와 이런저런 방식으로 연동되어야 한다고 주장했는데, 이 또한 기술이 정치적이라거나 기술이 정치와 연결되어 있다는 생각을 전제한다. 포스트휴머니즘(posthumanism)은 새로운 인간, 혹은 새로운 인간이해의 등장을 예고하면서 기존

가치의 변화를 주장했다.[4] 기술과 기술사회에 대한 진단이건 대안이건 각 이론들은 기술과 기술의 사용, 혹은 기술 자체와 가치를 분리해서 사유하지 않는다.

기술의 가치중립성을 끝까지 주장하는 경우에는 기술철학의 방향성 자체가 완전히 달라져야 한다. 즉 기술은 자연현상처럼 관찰과 서술의 대상이 되고, 기술철학은 과학철학이 그러한 것처럼 기술이라는 특정 분야와 그 활동이 가지는 특징을 연구해야 할 것이다. 죠셉 핏(Joseph Pitt)은 이러한 입장을 견지하면서 기술철학은 과학철학을 모델로 해서 이론적 논의를 이끌어 가야 한다고 주장한다(Pitt 2000). 그에 따르면 기존 기술철학은 일종의 문명비판이 되고 말았다. 그러나 핏의 주장은 기술현상을 매우 제한적으로 파악할 때에만 성립할 수 있다. 나아가 과학에서 관찰과 실험마저 엄밀하게는 관찰자가 처한 상황과 사회로부터 영향을 받는다는 사실을 감안하면, 인간이 목적을 가지고 수행하는 기술 활동이 중립적이라는 주장은 설득력을 얻기 어렵다.

3   가치중립성 논의의 혼란

이상의 논의를 살펴보면 기술의 가치중립성에 대한 논란이 도덕적 옳고 그름의 문제를 떠나 있음을 알 수 있다. 이 설명은 "총이 사람을 죽이는 것이 아니라 사람이 사람을 죽인다"고 하는 미국 총기협회(National Rifle Association)의 슬로건을 들어 기술의 가치중립성을 설명하는 경우에 우리가 받게 되는 일반적인 인상과 다르다. 이 슬로건의 경우 가장 비도덕적인 행위인 살인과 연결되어 있기 때문에 우리는 "기술은 가치 판단의 대상이 아니다" "기술은 가치와 무관하다" 정도가 아닌 "기술은 도덕적이거나 비도덕적이지 않다" "기술은 도덕과 무관하다"라는 조금 더 강한 입장을 취하게 된다. 그런데 이 부분에서 미세한 오해의 여지가 있다.

앞서 언급한 것처럼 가치 판단의 외연은 도덕 판단의 외연보다 넓다. 그래서 기술의 가치중립성 논변을 반박할 때, 위 두 주장 중 어디에 초점을 맞추느냐에 따라 조금 다른 결과를 낳게 된다. 만약 기술의 가치중립성 논변을 "기술은 도덕적이거나 비도덕적이지 않다" "기술은 도덕과 무관하다"로 파악한다면, 그 반대는 "기술은 도덕적이거나 비도덕적이다"가 될 것이다. 반면 기술의 가치중립성 논변을 "기술은 가치 판단의 대상이 아니다" "기술은 가치와 무관하다"처럼 문자 그대로 표현하면 그 반대는 "기술은 가치 판단의 대상이다" "기술은 가치와 연관이 있다"가 된다. 당연히 우리의 선택은 후자이다.

엘륄과 위너, 하이데거는 기술의 가치중립성 주

장을 반박하면서, 도덕적으로 좋은 기술과 나쁜 기술을 구분할 수 있다고 주장하거나 그 평가의 기준을 제시하지 않았다. 이들 주장의 핵심은 기술을 그것이 사용되는 맥락과 완전히 구분해서 독립적으로 생각할 수 없다는 점에 있다. 도덕적 평가를 비롯한 다양한 가치들, 그러니까 객관적으로 평가가 가능하거나 그렇지 않은 넓은 의미의 가치들이 기술에 녹아 들어가고 반영되고 있다는 주장이다. 이들의 주장에서 기술이 가치와 연결된다는 것은 재론할 여지가 없는 당연한 사실로 여겨진다. 당대의 문화와 가치가 기술에 반영되고, 도구를 만들 때는 어떤 목적을 염두에 두기 때문이다. 따라서 기술철학자들의 입장에서 기술의 가치중립성 주장에 반대하는 것은 그냥 사태의 어떠함을 충실하게 반영한 것이라고 봐야 한다.

사정이 이러한데도 한편에서는 기술의 가치중립성이 상식처럼 받아들여지고, 다른 한편에서 기술철학자는 굳이 이를 문제 삼아 반대 논의를 해 온 이유는 무엇일까? 논자는 여기서 다소 강한 주장을 제기하고자 한다. 즉, 여러 기술철학자들의 비판을 받았음에도 지금까지 널리 퍼져 있는 기술의 가치중립성 주장은, 외부의 간섭 없이 기술 개발의 동력을 유지하는 방편이 된다는 것이다. 물론 이는 누군가의 의도적인 노력이 있었다는 식의 음모론은 아니다. 그러나 가치, 윤리, 당위, 규범 등의 개념을 불분명하게 사용하기 때문에 객관성을 강조하는 과학의 가치중립성 주장과 그와 연결된 과학자의 자율성이 기술의 영역에도 그대로 적용되고 있다. 그리하여 공학자들 역시 중립적인 도구를 만드는 과정에서 자율성을 보장받아야 한다는 암묵적인 논변이 성립된다. 과학에서 강조하던 학문을 위한 학문, 호기심에 의한 자연의 탐구는 공학에서 '문제풀이의 재미'로 그 외양을 살짝 바꾸었다.

이를 조금 더 발전시키면 기술의 가치중립성 논제는 기술의 자율적 발전을 정당화하는 근거로 볼 수 있으며, 이것이 엘륄이 비판하는 지점이다(Ellul 1964: 133~146). 기술의 자율적 발전이란 기술이 인간의 필요나 목적이 아닌 기술 내적인 동력에 의해 발전한다는 주장이다. 기술의 중립성을 강조하고 이에 기대어 공학자의 자유를 강조하는 것은 이런 주장을 지지하는 결과를 낳는다. 투입과 산출의 효율성만 확보할 수 있으면 어떤 기술이든지 개발할 수 있고 개발해야 한다는 분위기가 형성되는 것이다.

그러나 앞서 살펴본 기술철학의 입장에서 볼 때 기술의 가치중립성 주장은 별로 과학적이거나 현실적이지 않다. 사실에 근거하지 않기 때문이다. 이런 주장은 기술을 제약 없이 발전시켜야 한다는 가치 판단에 근거한 것이지, 기술이 가치와 밀접하게 연결되어 있다는 명백한 사실을 반영하지 못하고 있다.

불행하게도, 기술철학이 다룬 기술의 중립성에 대한 논박은 현실에서 충분한 반향을 얻지 못하고 있다. 위너는 그의 책 『길을 묻는 테크놀로지: 첨단 기술 시대의 한계를 찾아서』에서 '가치'라는 말이 사용되어 온 역사적 궤적을 살피면서 이 말이 오늘날 실질적인 의미를 잃은 유령 단어처럼 되어 버렸다고 비판한다. 특히 그는 과거에 이 말이 외부 사물이나 사태에 객관적으로 부여된 어떤 속성을 가리키는 말처럼 "~의 가치"라는 말로 사용되었다는 점에 주목한다. 이에 비해 현재 이 개념은 우리가 상황을 어떻게 파악하느냐에 따르는 주관적인 성격을 가지게 됐다.

　　'가치'라는 말이 속성을 가리키지 않은 채 막연하게 사용되면, 그것에 대해 논할 수 있는 구체적인 기준이나 근거가 없어지기 때문에, 유의미한 토론이 불가능해진다. 그 결과 사람들은 가치라는 개념이 객관적인 학문을 보완하는 일종의 화장품 같은 역할이라고 생각한다. 아무런 실질적인 대안이나 변화에 대한 기대가 없는 상태에서, 그냥 가치에 대해 논의를 하는 것이다. 이를 통해 자신들이 균형 잡힌 태도를 가졌다는 것을 다른 사람에게 알리고 스스로 위안을 얻는다. 위너는 공학 학회에서 가치에 대한 대화가 일어나는 장면을 다음과 같이 묘사한다.

> 만찬 후 모임의 연사로 역전의 용사가 등장하는데,
> 대개 저명한 과학자이거나 최신 무기 체계를 만드는
> 데 일조한 공학자인 경우가 많다. 이런 연사들이
> 자신들의 동료들에게 행하는 강연의 주제가 바로
> 기술과 인간 가치다. 대개의 경우 그는 우리가 과학적,
> 기술적 진보를 이루는 데 너무 성급했던 나머지
> 중요한 물음들을 지나쳐 버렸다는 점에 주목한다. (…)
> 어떻게 해서든지 우리는 균형 잡힌 사고를 되찾아야
> 하고 과학과 기술을 어떻게 사용할지에 대한 현명한
> 선택을 해야만 한다. (…) 그 자신도 젊었을 때에는
> 경력을 쌓기에 바빠서 그런 문제들에 대해 심각하게
> 생각한 적이 없다고 술회한다. 그러나 은퇴할 때가 되니
> '가치'에 대한 중대한 물음이 크게 느껴진다는 것이다.
> (Winner 2010: 237)

이 공학자는 가치를 생각하지 않고도 자신의 경력을 쌓는 데
아무 문제가 없었다. 그래서 이런 대화는 '만찬 후'에나 시작
되는 것이다. 단순히 기술의 가치중립성을 주장하는 것보다
이런 상황이 오히려 더 문제적이다. '가치'가 기술과 모종의
연관성을 가진다는 점을 인정하면서도 그 말의 의미를 탈각

시킴으로써 모든 논의를 무화시켜 버리기 때문이다. 이를 위너는 다른 학자가 이름 붙인 대로 '가치 수리(Value Fix)'라고 부른다(Winner 2010: 235).

위너가 묘사한 상황은 이미 몇 십 년 전의 일이다. 그러나 오늘날에도 비슷한 경험을 하는 것이 그리 어렵지 않다. 현대기술의 개발 과정에서 윤리와 가치에 대한 논의가 점점 더 늘어나고 있는 것은 바람직한 일이지만, 동시에 그 논의가 과연 얼마나 실질적인 영향을 미치고 있는지는 불분명하다. 오히려 가치의 문제를 "다루지 않지 않았다"는 사실을 강조하며 면죄부를 받고자 하는 경우도 있다.

이를 극복하기 위해 위너는 '가치' 대신 그 말을 사용할 때 염두에 두는 구체적인 문제를 명확하게 말해야 한다고 주장한다. '가치'가 들어갈 자리에 '소비자 선호' '우리의 행동을 이끌 일반적인 도덕 규칙' 같이 지시 대상과 사고의 방향성이 분명한 언어를 사용해야 한다는 것이다. 그러나 그보다 더 중요한 것은 기술을 포함한 우리의 전문 활동이 이미 인간의 복지와 품위, 정의의 문제에 근본적으로 연결되어 있다는 점을 깨닫는 것이다. 위너는 우리가 "특정한 직업영역에서는 경쟁력을 가져야 한다"고 믿으면서 "반복적으로 제기되는 인간존재의 근본적인 문제들에 대해서는 황당할 정도의 무능함을 허용한다"는 사실을 한탄한다(Winner 2010: 238~239). 우리가 이 근본적인 문제들에 대해 명징한 언어로 대화를 나눌 때 기술사회를 극복할 계기가 생긴다.

4
가치의 각축장으로서의 기술

지금까지의 논의에서 1) 가치 판단이 윤리적 판단의 외연보다 조금 더 크다는 것, 2) 기술의 가치중립성에 대한 논의가 기술과 도덕 판단의 관계에 대한 논의로 오해됐다는 점, 3) 가치중립에 대한 과학철학과 기술철학의 논의 내용과 방향이 전혀 다른데도, 과학에서 학문의 자유를 지키는 것과 기술을 제약 없이 발전시키는 것을 묘하게 등치시키고 있는 점, 4) 기술의 영역에서 가치의 중요성을 인정할 때에도 그 의미를 진정으로 받아들이기보다 '가치 수리'의 방식으로 이해하는 경우가 있다는 점 등을 지적했다.

그렇다면 기술과 가치의 관계를 어떻게 이해하고 풀어가는 것이 가장 적절할 것인가? 나아가 기술이 여러 가지 방식으로 일정한 가치를 반영하고 있다는 사실을 어떻게 기술개발 상황에 적용할 것인가? 이 문제가 중요한 이유는 기술의 가치중립성 여부가 단순히 기술의 속성에 대한 문제가 아니고, 기술을 어떻게 이해하고 제어할 것인지의 문제와 연결되기 때문이다. 앞서 살펴본 것처럼 기술이 가치중립적이라고 생각하거나 기술의 가치는 해당 기술의 개발 후에 덤으로 얹어 주는 무엇으로 보는 견해는 결국 기술 진보의 과정을 자연스러운 변화로 지켜보아야 한다는 입장으로 이어진다.

1   기술 개발에서 가치의 각축

이에 답하기 위하여 먼저 기술이 중립적인가 아닌가 하는 문제는 더 이상 핵심 쟁점이 아니라는 것을 말하고 싶다. 오히려 기술 발전의 중요한 주제는 좋은 기술과 나쁜 기술을 구분하는 것이라는 주장을 제출한다. 이는 앞서 살펴본 것처럼 기술이 본질적으로 가치와 연결되어 있다는 사실이 충분히 논증될 수 있다는 주장이며, 동시에 다양한 가치 판단에 의해 좋음과 나쁨에 대한 다양한 의견이 있음을 전제하는 것이다. 이때 좋음과 나쁨은 서로 배타적인 이원론적 관계가 아니라 정도의 문제가 된다. 이에 따라 기술 활동이 일어나는 현장은 여러 가지 가치가 충돌하며 경쟁하는 가치의 각축장이라는 주장도 함께 제출한다.

앞서 살펴본 것처럼, 기술은 사용 목적에 따라 의도적으로 제작되기 때문에, 기술이 가치와 무관하다는 주장은 어불성설이다. 이와 달리 과학은 가치를 배제하려 하거나 특정한 한계를 두려고 한다. 과학이 가치를 인정하는 경우는 방법론(예: 객관적인 관찰이 더 좋다)과 같은 특정한 맥락뿐이다. 하지만 기술에서는 어떤 가치를 어떻게 반영할 것인가에 대한 각축이 일어난다. 이때 더 많은 가치를 더 많이 반영할 수 있으면 더 좋으며, 경우에 따라서는 선택과 협상이 일어나기도 한다. 예를 들어 더 안전하고도 에너지 효율이 좋은 장치를 만들 수 있다면 좋겠지만, 안전과 에너지 효율 사이에서 선택을 하거나 이 둘을 적당하게 같이 추구하면서 최적화를 하는 방안을 마련하기도 한다. 나아가 새로운 가치의 영입도 가능한데, 예를 들어 이 장치를 환경친화적으로 만들겠다고 하면 안전과 효율 이외에 또 다른 가치를 더해서 새로운 선택과 협상이 일어나게 된다. 이런 식으로 기술 개발의 과정에 들어올 수 있는 가치의 목록은 길지만, 새로운 기술 프로젝트가 시작될 때마다 어떤 가치가 포함될지는 새롭게 결정되어야 한다. 이를 '가치의 각축'이라 표현하는 것이다.

기술 개발에 포함되어야 할 가치는 편리함, 효율성, 경제성 같은 전통적인 것들도 있지만 안전, 민주성, 분산, 지속가능성, 환경친화성 등 최근에 더해진 것들도 많다.

이들은 기술 개발의 단계에서 채택되기도 하고 거부되기도 한다. 지금까지 그 선택은 주로 공학자와 전문가들에 의해 이루어졌지만, 최근에는 정부와 시민의 역할도 점점 커지고 있다. 기술철학과 STS(Science and Technology Studies), 환경운동 등의 역할도 중요한 부분을 차지한다. 환경 및 안전과 관련한 여러 규제처럼 과거에는 생각하지 않았던 기준들이 공학의 영역에 적용된 것은 기술로 인해 생겨나는 문제들에 시민들이 반응한 결과이다. 이는 기존 가치들의 중요성을 상대적으로 약화시키는 결과를 낳기도 한다. 최근에는 기술 개발 과정에서 효율성이나 경제성이 환경친화성이나 지속가능성을 위해 어느 정도 희생되는 경우를 얼마든지 생각할 수 있게 됐다.

혹자는 이런 가치의 각축이 기술 개발 과정에 본래적으로 포함되어 있다고 항변할 수도 있다. 그 관찰은 적확하지만, 여기서 관건은 그 가치의 각축이 지금까지 충분히 드러나지 않았다는 데 있다. 그 이유는 위너가 말한 불명확한 개념 사용 때문이기도 하고, 공학자와 전문가 사회의 폐쇄성 때문이기도 하며, 기술사회 시민들의 수동성 때문이기도 했다. 그러나 기술이 가치의 각축장인 것을 파악하고 나면, 그 각축을 좀 더 눈에 띄게 만드는 것이 기술사회를 더 나은 곳으로 만드는 방안이 된다. 이를 구체화하는 방안으로 논자는 다음의 두 가지를 제안한다.

기술 중립성 신화의 극복과
목적이 이끄는 기술 발전

기술의 중립성 신화는 공학을 하는 사람들뿐 아니라 일반인들에게도 널리 퍼져 있다. 따라서 이 신화를 극복하기 위해선 다양하고도 다각적인 노력이 필요하다. 기술이 인간의 삶에 미치는 영향에 대한 지식이 보편화되어야 하고, 공학자들이 자신의 전문성이 갖는 사회적 의미를 실감할 수 있어야 한다. 이를 위해서 기술 문해력 교육을 비롯한 다양한 교육활동이 필요하지만, 무엇보다 공학자와 비공학자들이 만날 수 있는 계기를 만드는 것이 중요하다. 전문가 수준에서는 공동연구 프로젝트나 세미나 및 학회 등에서 융합적인 주체를 채택하는 방안을 취할 수 있고, 학생들을 대상으로 할 경우 공학윤리 수업을 인문사회계 전공 학생들에게 공개하는 식으로 인문계-이공계 통합 교과를 시도할 수 있다(손화철 2010).

　　　　논자는 다른 지면에서 '목적이 이끄는 기술 발전'을 기술사회의 미래를 위한 대안으로 제출한 바 있다.

　　목적이 이끄는 기술 발전이란 특정한 기술을 개발할
　　때 그것이 더 효율적이라는 이유가 아닌 그 결과가
　　'좋다'는 것을 우선한다는 의미이다. 이 입장에 따르면

기술적으로 가능한 것을 개발하기보다는, 우리가
목적하는 바를 이루기 위한 기술을 개발해야 한다.
이는 훨씬 더 크고 깊은 물음, 즉 우리가 원하는 인간과
사회의 모습은 무엇인지, '좋은 기술'의 '좋음'을 어떻게
규정할 것인지의 물음을 제기한다(손화철 2020:
271~272).

이 제안은 가치의 각축을 구체화하는 방안으로도 볼 수 있다.
다시 말해, 다양한 주체가 각자 자신이 중요하다고 생각하는
가치와 연관된 기술 발전의 목적을 제안하고, 무엇이 모두를
위해 좋은지를 놓고 경쟁하는 것이다. 이는 국가적인 기술 발
전 어젠다를 정하는 것부터 개별 기술의 개발 프로젝트에 이
르기까지 다양한 수준과 규모에서 이루어질 수 있다. 또 시민
사회나 정부기관뿐 아니라 공학자 단체와 기업에서도 이루어
지도록 독려해야 한다. 이는 모두가 합의하는 목적을 찾으려
는 노력이라기보다는 맹목적이고 무비판적인 기술 발전의 추
구를 견제하기 위한 장치이다. 특정한 가치를 근거로 기술 개
발을 정당화하는 논변을 펼치고, 기술의 목적과 관련해 어떤
가치를 우선할 것인지에 대해 설명하며 경쟁을 벌일 수 있고,
이런 과정을 공개함으로써 사용자와 시민의 지지도 얻을 수
있을 것이다.

5
기술의 중립성,
부실한 신화를 넘어서

기술의 중립성은 부실한 이론이면서 신화이다. 이 생각이 널리 퍼질 수 있었던 것은 과학의 가치중립성에 대한 믿음과 연결되어 있다. 그런데 후자가 과학철학의 이론들을 통해 어느 정도 약화된 이후에도 기술 중립성에 대한 믿음은 공학전문가와 일반인들 사이에 여전히 깊이 뿌리박고 있었다. 이 글에서는 먼저 '가치'라는 말의 용법이 가지는 애매함을 어느 정도 해소하고, 과학과 기술에서 중립성을 논하는 것의 맥락이 서로 다름을 밝힘으로써 이 잘못된 신화를 넘어보려고 노력했다. 또 기술철학에서 중립성에 대한 논의가 어떻게 전개되고 논파되었는지를 살펴보고, 그럼에도 불구하고 여전히 가치의 문제를 기술 자체와 구분해서 생각하는 경향이 남아 있다는 것도 지적했다. 마지막 부분에서는 기술의 중립성 여부보다 그 주장의 여파로 인해 생기는 문제가 더 크다는 점에 착안하여, 기술을 가치의 각축이 일어나는 현장으로 파악하고 인정해야 기술사회가 좀 더 바람직한 방향으로 발전하는 계기를 마련할 수 있다는 것을 밝혔다.

함께 생각해 볼 문제

1

이 글은 '과학의 가치중립성'과 '기술의 가치중립성'을 어떻게
구분하고 있는가? 그 구분에 동의하지 않는다면 반대 논변을 제시해
보라.

2

최근 ESG 경영[5]에 대한 논의가 활발하다. 이러한 논의가 랭던 위너가
말한 '가치 수리(Value Fix)'에 그치지 않기 위해서는 어떤 노력이
필요하다고 생각하는가?

3

기술사회가 지향해야 할 목적이 무엇이어야 한다고 생각하는가?
좀 더 구체적으로, "내가 생각하는 좋은 세상"의 가장 큰 특징은
무엇인가? 현재 우리가 사용하고 있는 기술 중에서 각자가 생각하는
좋은 세상을 이루는 데 도움이 되는 기술은 무엇이고, 방해가 되는
기술은 무엇인가?

1

본 장은 2021년 8월 유미과학재단이 지원하는 〈과학과 가치 연구회〉제 2회 워크숍에서 발표된 초고를 바탕으로 한국윤리학회(8A3209)의 『윤리학』11호 1권(2022)에 게재된 논문을 일부 수정한 것이다.

2

여기서 한 가지 유의해야 할 것은, 이 논의에서 일차적인 분석의 대상이 되는 것은 관련 개념과 표현 자체가 아니라 그 사용법이라는 점이다. 경우에 따라서는 특정 개념의 정의가 잘못됐다는 비판이 제기될 수 있다. 그런데 이와 같은 주장은 일단 해당 용어와 표현의 현재 용법을 파악하고 그 의미를 정리한 다음에 고려할 필요가 있다. 다시 말해서 현재 사용되는 개념들을 그 사용의 맥락에서 서로 혼동되지 않는 방식으로 구별하여 이해하는 것이 먼저이고, 그 이후에 개념의 정의에 대한 고차원적인 조사를 수행해야 한다. 이런 과정을 순서대로 거치지 않고 특정 개념이나 표현의 올바른 사용만을 주장하는 것은 이미 널리 논의되고 있는 주제 자체를 변경하는 오류로 이어질 수 있기 때문이다.

3

이를 엘륄은 '일원론(monism)'이라고 표현하기도 했다(Ellul 1964: 94~111).

4

포스트휴머니즘은 기술철학의 논의에서 비교적 최근에 등장한 흐름이다. 포스트휴먼이란 기술의 발달로 만들어진 많은 가능성과 환경변화로 인해 이전의 인간과 연속선상에서 생각할 수 없는 새로운 존재로서의 인간을 말한다. 가장 떠올리기 쉬운 사례는 인간을 기계적으로 증강시킨 영화 속 사이보그이지만, 보기에 따라서는 오늘날 다양한 보철을 사용하는 사람들도 포스트휴먼이라 할 수 있고, 미래에 등장할지도 모르는 인간과 동일한 사고 능력을 가진 인공지능 로봇도 포스트휴먼의 범주에 넣을 수 있다. 포스트휴머니즘은 현대기술이 제공하는 여러 가지 가능성이 인간과 사회, 그리고 자연에 대한 전혀 새로운 이해로 이어진다는 점에 주목한다. 포스트휴머니즘은 크게 미래의 인간인 포스트휴먼 자체에 초점을 맞추는 트랜스휴머니즘과, 근대주의를 비판하면서 새로운 인간이해에 천착하는 비판적 포스트휴머니즘으로 나눌 수 있다(Callus and Herbrechter 2013: 144).

5

"ESG는 환경(Environment), 사회(Social), 지배구조(Governance)의 약자로, 환경 경영, 사회적 책임, 건전하고 투명한 지배구조에 초점을 둔 기업경영 활동을 말한다. 이는 지속가능성(Sustainability)을 달성하기 위한 기업 경영의 3대 핵심요소를 의미한다." (〈K-ESG 가이드라인 1.0〉, 산업통상자원부 산업정책과)

랭던 위너(손화철 역). 2010. 『길을 묻는 테크놀로지: 첨단 기술 시대의 한계를 찾아서』, 씨아이알. [Winner, L. 1986. *The Whale and the Reactor: A Search for Limits in an Age of High Technology.* Chicago: University of Chicago Press.]

마르틴 하이데거(이기상·신상희·박찬국 역). 2008. 『강연과 논문』, 이학사. [Heidegger, M. 1964.]

손화철. 2010. 「공학윤리와 기술철학 : 그 접점을 찾아서」, 『공학교육연구』. 제13권 6호.

손화철. 2020. 『호모 파베르의 미래 : 기술의 시대, 인간의 자리는 어디인가』, 아카넷.

이상욱. 2021. "AI 윤리란 무엇인가?" <Horizon>. 2021. 5. 31. https://horizon.kias.re.kr/17815/ (2022. 6. 5. 확인)

토마스 쿤(김명자·홍성욱 역). 1999. 『과학혁명의 구조』, 까치. [Kuhn, T. 1962. *The Structure of Scientific Revolutions.* Chicago: University of Chicago Press.]

Callus, I. and Stefan H. 2013. "Posthumanism." *The Routledge Companion to Critical Theory.* eds. by Malpas S. and Wake P. Routledge.

Ellul, J (trans. by Wilkinson J). 1964. *The Technological Society.* Vintage.

Pitt, Joseph C. 2000. *Thinking About Technology: Foundations of the Philosophy of Technology.* Seven Bridges.

2부

과학과 같이

이론에서 실천으로, 사회 속에서 과학과 기술의 자리

현
재
환

과학과 반인종주의라는 가치 : 유네스코 인종 선언문 논쟁[1]

"이 혐오의 시대에 필요한 인류유전학은 반인종주의라는 사회적 가치가 과학의 규범을 훼손할 것을 우려하는 소극적 과학이 아니다. 과학 일반이 갖고 있는 가치적재적인 성격을 적극적으로 인정하고 올바른 사회적 가치들을 포용하면서도, 과학적으로도 더 건강한 연구 방향을 찾아야 한다."

현
재
환

부산대 교양교육원 교수(과학기술학). 주요 연구 주제는 인간 생물학과 환경 과학에 대한
초국적 역사이며, 동아시아 과학기술사, 과학과 인종 등에 관한 연구와 강의를 진행하고 있다.
코로나19 사태 이후로는 마스크의 과학과 정치에 대한 국제 공동연구도 진행 중이다.
한양대에서 역사와 철학, 과학기술학을 공부하고 서울대 과학사 및 과학철학 협동과정에서
석사·박사학위를 받았다. 독일 막스플랑크 과학사연구소 박사후연구원을 거쳐 부산대에서
과학사 및 과학기술학을 가르치고 있다. 저서에 『마스크 파노라마』(공저), 『인종과학』(근간)
등이 있으며, 옮긴 책으로 『유전의 문화사』가 있다.

1

인류유전학으로 '무장'한
인종혐오 범죄?

2022년 5월 26일, 저명한 대중과학 잡지『사이언티픽 아메리칸(*Scientific American*)』에 과학 연구가 인종주의적으로 오용될 위험성을 과학자들이 고민해야 한다는 사설이 실렸다. 사설이 나오게 된 배경에는 같은 달 14일 미국 뉴욕주 버펄로에서 벌어진 인종혐오 범죄가 있었다. 범인은 18세 백인 남성으로 흑인 밀집 거주 지역의 슈퍼마켓에서 총기를 난사하여 10명의 흑인을 살해했다. 더 충격적인 것은 범인이 분자 인류유전학의 연구 성과들을 멋대로 인용해 백인과 흑인 사이의 생물학적인 차이를 주장하며 인종혐오를 정당화하는 180쪽의 장광설을 온라인에 게시했다는 점이다(Wedow and Trejo 2022).

       이 인종혐오 범죄를 우려한 공동사설의 저자 중

한 사람도 자신이 참여한 유전학 논문을 범인에게 '인용' 당했다. 해당 논문은 2018년 『네이처 제네틱스(*Nature Genetics*)』에 실린 연구로, 유럽계 조상을 둔 개인들의 학업성취도 및 인지 능력과 연관된 유전적 변이를 찾는 것이었다. 범인은 이를 백인이 흑인보다 유전학적으로 우수한 지능을 가졌다는 증거로 이해했다. 이 논문 외에도 백인·흑인·아시아인이라는 일상 속 인종 분류와 잘 들어맞는 유전학 연구들, 예를 들어 아프리카계·유럽계·아시아계와 같이 조상(ancestry)에 따라 집단 분류를 수행하고 각 집단 간의 유전적 변이를 설명하는 연구들이 범인에게 그릇된 확신을 갖게 만들었다. 지능을 포함한 여러 영역에서 유전학으로 발견될 수 있는 생물학적 차이가 존재한다는 인종주의적 맹신에 빠진 것이다. 공동사설의 저자들은 범인이 유전학 연구를 오용해 온 수많은 인종주의자들 가운데 하나이지만, 그의 이런 오용 방식이 "진공에서 만들어진 것이 아니"라, "백인 우월주의에 봉사해 온" 유전학의 "더 긴, 어둡고 폭력적인 역사"와 연관되어 있다는 점도 분명하게 지적했다. 그래서 과학자들은 이런 어두운 역사를 인지하며 오용 위험을 사전에 예방하기 위해 용어 선택을 비롯한 과학 커뮤니케이션 활동에 더욱 책임감을 갖고 주의를 기울여야 한다는 주장이었다(Wedow and Trejo 2022).

인류유전학이라는 학문은 인간의 기원 및 발생과 관련하여 과학과 사회적 가치를 둘러싼 다양한 논쟁을 불러일으켜 왔다. 특히 20세기 후반부터 이루어지기 시작한 유전자 조작 기술과 유전자 진단 기술의 일반화, 그리고 유전자를 통해 인간의 질병과 행동 모두를 설명하려는 유전자 중심주의의 부상은 인류유전학을 생명윤리 논쟁의 최전선으로 나서게 만들었고, 여기에는 우생학이라는 어두운 과거의 그림자가 늘 함께 따라다닌다(디켄슨 2018; 뮐러빌레·라인베르거 2022). 최근 미국에서는 백인 피험자 중심으로 이루어져 온 생의학 연구들이 인종차별적이라며 '사회 정의'를 위해 아프리카계 미국인과 소수민족을 임상시험 및 각종 연구에 더 많이 참여시키자는 주장이 한편에 있는가하면, 다른 한편으로는 어떤 식으로든 인종적 차이를 생물학적인 것으로 오해하게 만드는 연구들을 현대 과학에서 추방해야 한다는 문제제기도 이어지고 있다(Bliss 2012; Yudell et al. 2016). 두 입장은 인종적 차이를 인류유전학이라는 학문 분야에서 어떻게 다루는가라는 문제에 대해서 상이한 시각을 보이지만, 동시에 이들은 반인종주의가 보다 정의로운 사회를 위해 추구해야 할 사회적 가치, 혹은 사회적 선이라는 가정을 공유하고 있다.

사회적 가치를 과학 활동에 반영해야한다는 이들의 주장에 모두가 동의하지는 않을 것이다. 최근에 과학적 사실들이 정파적 입장에 따라 결정된다고 보는 탈진실주의 정치(post-truth politics)와 과학 부인주의(scientific denialism)가 전 세계적으로 부상하고 있기는 하지만(콘웨이·오레스케스 2012;

살레츨 2021), 여전히 많은 사람들은 올바른 과학이란 어떠한 사회적 요인들과도 무관한, 가치중립적인 활동이라는 생각을 지지한다(이상욱 2008). 이처럼 과학이 사회적 가치와 무관하게 과학적 진리를 탐구하는 활동이라는 신념을 견지하는 과학자들에게는 인류유전학 분야에서 반인종주의라는 사회 정의를 요구하는 주장들이 불편하게 느껴질지도 모른다.

실제로 2018년 봄 뉴욕타임스의 사설에서, 하버드대 유전학자 데이비드 라이크(David Reich)는 인류유전학 분야의 과학자들이 정치적 올바름에 대한 걱정 때문에, 인간 집단들 사이 유전적 변이에 대한 연구나 논의를 꺼려한다고 주장했다(Reich 2018). 라이크의 관점에서 볼 때, 반인종주의라는 사회적 가치를 인류유전학이라는 과학에 부과하려는 시도들은, 그 선의의 사회적 가치와 무관하게 '인종들' 간의 평균적인 유전적 차이를 시사하는 연구들을 외면하게 만들고, 심지어 이 연구 분야의 발전을 저해한다. 보다 강하게 말하자면 사회적으로 좋은 과학을 만들려는 시도가 과학적으로 정당한 연구 활동을 방해한다는 것이다. 이 같은 라이크의 주장은 뒤에서 다시 살펴보겠지만, 여러 분야 학자들로부터 다양한 반박을 받았다.

오늘날 반인종주의와 인류유전학과 관련해 벌어지고 있는 과학과 사회적 가치의 관계에 관한 논쟁은 제2차 세계대전 이후 유전학의 역사에서 그 기원을 찾을 수 있다. 전쟁의 참화가 채 가시지 않은 1950년대 초, 유네스코는 세계 각국 전문가들의 의견을 종합하여 인종에 관한 공동성명을 제시했다. 제2차 세계대전의 배경을 "인종의 불평등이라는 교의"가 확산된 데서 찾고, 오늘날의 "평화를 잃지 않기 위해서는 인류의 지적, 도덕적 연대"가 필요하다고 명시한 유네스코 헌장을 고려하면(UNESCO 1946), 유네스코가 기획한 인종 선언문은 인종 간 생물학적 우열이 존재한다는 '과학적 인종주의'가 과학적으로 틀렸음을 인류 전체에게 널리 알리려는 시도였다.

다만 실제로 당시 성명 작성에 관여한 과학자들이나 국제 과학자 공동체가 이런 도덕적 이상을 담은 유네스코의 인종 선언문을 '과학적'으로 생각했는지에 대해서는 따져볼 여지가 있다. 당시 선언문 초안을 작성, 배포, 수정, 확정하는 과정에서 과학자들은 인종주의를 배격하는 것처럼 사회적으로 좋은 과학이 과연 과학적인 관점에서도 옳은 과학일 수 있는지를 두고 치열하게 논쟁을 벌였다. 그리고 이런 논쟁 가운데 쏟아진 과학과 사회적 가치의 관계에 관한 여러 질문들은 오늘날에도 인류 유전을 연구하는 전문가들 사이에서 논쟁거리로 남아 있다. 이 글은 당시 유네스코 인종 선언문 작성을 둘러싼 논쟁을 소개하고 그 현재적 함의를 고찰한다.

2

현대 과학에서의
인간 다양성

독자의 혼란을 막기 위해 먼저 전제해둘 것이 있다. 그것은 우리가 일상에서 흔히 사용하는 인종 개념(즉 특정 인종의 성격, 기질, 지능, 문화적 수준 등을 묶어서 하나의 단일한 유형처럼 보는 소위 유형론적 인종 개념)은 지난 세기부터 오늘날에 이르기까지 반복해서 논박됐다는 사실이다. 인류는 다른 종들에 비해 유전적 다양성이 현저히 낮을 뿐만 아니라, 인간 집단 내 유전적 변이(다형성, polymorphism)가 집단 간(다형종, polytype)보다 더 크다. 그리고 인간의 생물학적 변이는 연속적이어서 씨족·부족·국민·인종 등과 같이 한 집단을 다른 집단과 분명하게 구별하는 분류가 문화적으로 유의미할지 몰라도 생물학적으로는 작동하지 않는다. 다만 이런 연속변이적(clinal) 성격 때문에 지리적으로 가까운 집단 사이에서 더 큰 외형적, 유전적 유사성이, 그리고 먼 집단 간에선 그 차이가 두드러진다(Marks 2017: 143~161).

　　　　연구 목적상 생물학적 실재로 간주되는 것을 굳

이 찾자면 인류 유전학자들의 탐구 대상인 집단(population)을 들 수 있다. 집단은 생식의 차원에서 다른 집단들로부터 비교적 격리된 상태로 지역적 환경에 대한 유전적 적응이 일어나는 과정에서 만들어진다. 따라서 그 규모가 매우 국소적이므로 대륙별 수준에서 차이를 가정하는 인종 개념과 적절하게 들어맞지 않는다. 하지만 집단을 무리 짓는 방법에 대해 관련 전문가들 모두가 동의할 만한 분류법이 없기 때문에, 연구자의 실제 의도가 어떻든 간에 다소 자의적으로 집단 분류가 이루어지게 된다. 인간 집단에 대한 많은 유전학 연구들은 피험자 모집을 할 때 실용적이거나 혹은 기타의 이유로 세속적인 인종 분류에 부합하는 형태로 집단을 나누게 된다. 이런 과정을 잘 모르는 외부인들은 마치 최근 과학 연구들이 인종의 과학적 실재성을 확증했다고 오해하기 쉽다(현재환 2021). 이 글에서 주로 다루는 시기인 1950년대 초반, 과학자들은 유형론적 인종 개념에 문제가 있다는 데에는 동의했지만, 여전히 많은 연구자들이 집단 개념을 통해 전통적으로 수행해 오던 '인종간 차이'에 대한 연구들을 지속할 수 있다고 믿던 시기였다.

3

유네스코 공동성명의
사회적 배경

유네스코가 굳이 인종에 대한 과학자들의 공동성명을 만들어내려고 애쓴 이유를 이해하기 위해서는 당시 국제사회의 문맥을 살펴보는 일이 필요하다. 2차 대전 이후 유엔은 전쟁을 야기한 국가들 간의 갈등 요인들을 찾아내고 이를 국제 협력을 통해 해결하려고 시도했다. 같은 맥락에서 유네스코 자연과학국은 비과학적인 무지와 편견을 참화의 주요 배경으로 진단하고, 보편적이고 기본적인 과학적 사고를 일반 대중에 보급하면 파시즘과 같은 비합리적이고 반민주적인 사고방식들이 출현하는 일을 사전에 차단할 수 있을 것으로 기대했다. 특히 과학적 사고뿐만 아니라 현대 과학의 사회적 함의를 올바르게 전달하여 비합리적인 믿음들을 퇴치하는 것이 가능하다는 확신이 유네스코 구성원들에게 널리 공유됐다(Nielsen 2019).

이런 분위기 속에서 1947년 유네스코 자연과학국 산하에 과학 대중화 부서 창설을 논의하던 중, 유전학의

'사회적 함의'를 토의할 협의체 구성이 제안됐다. 당시 유네스코 소속 과학자들은 '인류유전학'이라는 과학 분야가 "실용적 가치를 지닐 만큼 진보한 상황"으로 "인류의 평등(equality)을 확고한 과학적 기반 위에 놓을 수 있다"고 주장했다. 이들이 보기에 "유전학은 이미 과학의 전선에서 인종주의자들과 투쟁하고 이들을 일소시키는 데" 기여해 왔으므로, 인종에 관한 과학 논의들을 정리하여 대중들에게 전파시키면 인종주의는 자연스레 타파될 것이었다(Selcer 2012: S175).

상위 기관인 유엔에게 유네스코의 구상은 시의적절해 보였다. 유엔은 과거 유럽의 제국주의 국가들과 전후 신생국들을 모두 아울러 능력주의적 민주주의에 기초한 새로운 세계 정치 질서를 수립하고자 했다. 이런 정치 질서 구상에서 인류의 단일성과 인종 평등이 중요한 가치로 부상한 것이다. 이 같은 이유로 1948년 유엔사회경제위원회는 유네스코에 "인종 편견을 소멸시키기 위해 과학 지식들을 확산시킬 프로그램을 채택"하기를 제안했고, 이듬해 유네스코는 '인종 질문에 관한 과학적 사실의 연구와 확산'이란 제목의 사업에 본격적으로 착수했다(Maio and Santos 2015: 5~6).

인종 편견의 대응책으로 유전학의 사회적 함의를 널리 알리자고 제안한 것은 유네스코 자연과학국 소속 과학자들이었지만, 인종 편견이 사회적 문제로 여겨지면서 사회과학국이 해당 사업의 주도권을 쥐게 됐다. '인종 질문에 관

한 과학적 자료들의 연구 및 수집', '수집한 과학 정보의 대중
적 확산', 그리고 '수집한 정보에 기초한 대중 교육 캠페인 마
련'으로 이루어진 이 사업의 세부 프로그램들 가운데 핵심은
인종에 관한 선언문 작성을 위한 전문가 국제회의였다. 회의
는 1949년 12월 12~14일 파리의 유네스코 하우스에서 개최
됐다. 이 회의에 참석한 전문가들은 프랑스의 저명한 구조주
의 인류학자 클로드 레비스트로스(Claude Lévi-Strauss) 등 여덟
명의 인류학 및 사회학 전공자들이었는데, 이런 사회과학 중
심의 전문가 구성은 해당 사업이 사회과학국에 의해 주도된
결과였다.

4
사회적 책무를 다하는 과학이냐,
평등주의자들의 독트린이냐

애슐리 몬터규(Ashley Montagu)는 이들 전문가 그룹 중 독특한
이력을 가진, 유달리 목소리가 큰 영국계 미국인 인류학자였

다. 그는 미국 문화인류학의 창시자로 언급되는 프란츠 보아스(Franz Boas)를 스승으로 두었으며, 그를 좇아 체질(생물학적) 인류학 연구를 통해 인종 차이에 대한 생물학적 결정론을 비판하고 문화적 영향의 중요성을 강조했다. 일찍이 1942년부터 인종 개념을 비판해 온 몬터규는 그의 경력 전체를 인종주의를 비판하는 데 쏟아부었으며, 생물학을 이런 비판의 핵심적 수단으로 보았다(Marks 2000). 인종 전문가 회의에서 그는 최근의 체질 인류학과 유전학 분야의 과학적 발전이 인종 개념을 재구성하고 있는 중이라며, 인종 개념의 정의나 문제점을 사회적 요인들과 연관 지으려는 다른 사회과학자들에 대항해 인류의 평등성을 과학적 기반에서 찾기를 강하게 주장했다. 몬터규에 따르면 인종 간 정신적 수준의 차이, 혼혈생식의 우생학적 위험 등은 이미 모두 과학적으로 논박되었다. 철저한 반인종주의자였던 몬터규는 나아가 집단 간 생물학적 차이를 함축하는 '인종'이란 개념 대신, 인간 집단 간 문화적 차이를 강조하는 '종족(ethnic groups)'이라는 범주를 사용하는 내용 또한 성명에 들어가야 한다고 주장했다. 회의에 참여한 사회학자들은 몬터규의 과학주의에 회의적이었다. 그들이 보기에 인종에 대한 명확한 정의는 불가능하고, 인종적 차이는 생물학적 기반이 없더라도 사회문화적, 정치적 영향의 결과로 만들어지는 것이기도 했기 때문이다. 이들의 문제제기에도 불구하고 결국 몬터규의 의견대로 인종 개념을 '체질 인류학과 생물학'에 기초해 정의하고 제안하는 안이 채택됐다. 이처럼 인종 문제에 대한 공동성명 작업이 자연과학을 토대로 삼는 것으로 결정되자, 회의 참여자 가운데 과학적 논의에 밝은 몬터규가 자연스레 성명서 초안 작성을 주도하게 됐다 (Maio and Santos 2015: 10~14).

몬터규가 전문가 회의를 통해 작성한 초안은 다음과 같은 내용을 담고 있었다. 첫째, 인간 집단 간 생물학적 차이는 진화적 힘의 결과이며, 신다윈주의적 의미에서 인류는 '집단들'로 이루어져 있다. 둘째, '인종'은 시간의 경과에 따라 변화하는 유전 물질 혹은 물리적 형질들의 총합으로 규정될 수 있는 집단이다. 셋째, 인간 집단들은 지능과 행동을 포함한 그들의 정신적 능력에서 어떠한 차이도 갖지 않는다. 넷째, 혼혈생식은 '퇴락'과 혼동될 수 없는, 생물학적으로 건전한 현상이다. 다섯째, 현대 생물학은 인간이 내적으로 '보편적 형제애'를 추구하는 방향으로 나아가는 경향을 가졌음을 보여준다.

유네스코 사회과학국은 초안의 과학적 기반을 확보하기 위해 자연과학국의 과학자들과 저명한 유전학, 생물학 전공자들을 초청해 외부 전문가 평가를 실시했다. 외부 평가자들은 초안의 전반적인 방향성은 옳지만 과학적 증거가 없는 단언들이 많이 포함되어 있다고 생각했다. 예를 들어 유네스코의 초대 사무총장이자 진화생물학자인 줄리언 헉슬리

(Julian Huxley), 유전학자 레슬리 던(Leslie C. Dunn), 테오도시우스 도브잔스키(Teodosius Dobzhansky)와 같은 유전학자들과 심리학자 오토 클라인버그(Otto Kleinberg)에게 있어 "집단 간의 생물학적 차이가 서로 다른 행동 패턴이나 정신적 형질 차이에 어떠한 영향도 끼치지 않는다"거나 인종에 대한 과학적 연구가 아무 의미가 없음을 시사하는 초안은 과학적 결론이라기보다는 '교조주의적 단언'처럼 보였다(Maio and Santos 2015: 14~16).

　　유네스코 안팎에서 자연과학자 동료들의 비판에도 불구하고 몬터규는 일부 내용만 부분적으로 수정한 채 원안을 고수했다. 유네스코 사무총장 헉슬리가 자문단에 자신의 이름을 넣지 않겠다고 압박했음에도 불구하고 몬터규는 애초 입장을 철회하지 않았다. 결국 전반적인 내용은 몬터규가 처음 작성한 초안과 유사한 형태로 유지되었다.

　　1950년 7월 18일, 유네스코 내부의 논쟁을 뒤로한 채 인종에 관한 과학자들의 첫 공동성명인 『인종 질문(The Race Question)』이 출판됐다. 이 선언문은 유네스코 인종 성명의 시발점으로, 이듬해 수정본을 내고 1964년, 1967년, 1978년에 걸쳐서 개정됐다. 자문 결과를 반영해 일부 추가된 내용들이 있기는 하지만 몬터규의 주장, 즉 "인종은 통계적 집단 개념에 비해 부차적이고, 적용하기도 어려우며, 생물학적으로 별 의미가 없고, 정신적 형질과는 거의 무관하다"는 내용이 여전히 중심적으로 남아 있었다. 몬터규는 이 성명이 나치의 유대인 대학살로 상징되는 인종주의적 비합리성에 대항하는 과학, 사회적 책무를 다하는 과학의 진정한 모습을 보여주는 것으로 믿었다.

1950년 유네스코 『인종 질문』 성명 요약 출처 : UNESCO(1950)

1	과학자들은 인류가 인간 종(Homo sapiens)이라는 동일종에 속한다는 일반적인 합의에 도달했다.
2	생물학적 관점에서 인간 종은 특정 유전자 빈도에서 차이를 보이는 여러 집단들로 이루어져 있다.
3	인종은 그러므로 인간 종을 이루는 집단들의 집합들이며, 비록 상호교배 가능하지만 어느 정도 고립하여 특정한 형질적 차이를 보일 수 있다.
4	요약하자면, 인종은 특정한 유전자 및 신체 형질의 총합에 의해 규정될 수 있는 집단이며, 이런 형질들은 지리적, 문화적 고립 등의 결과로 변화하거나 사라질 수 있다.

5   이상이 현존하는 과학적 사실들이나, 안타깝게도
현실에서는 이런 개념으로 인종이란 어휘가
사용되지 않는다.

---

6   특정 국가, 종교, 지역, 언어, 문화에 따라 구별되는
집단들은 인종 집단이 아닌데, 이들의 문화적 특성들은
인종적 형질이라 부를만한 유전적 연결고리를
보이지 않기 때문이다.

---

7   현재 과학자들이 분류할 수 있는 인종의 단위는
"몽골로이드", "네그로이드", "코카소이드"뿐이고,
이 분류 역시 미래에 바뀔 수 있다.

---

8   이 대규모 인종 분류 단위 하에 여러 하위 집단 혹은
종족들이 탐구되어 왔는데, 이들의 수나 구체적인
사항은 여전히 인류학자들이 탐구 중이다.

---

9   인류학자가 어떤 분류 체계를 활용하든 간에
정신적 형질을 분류 기준으로는 삼을 수 없다.
모든 인류 집단의 정신적 형질은 본질적으로
유사하기 때문이다.

10   현존하는 과학적 연구 결과들은 유전적 차이가 서로

다른 집단 간의 다른 문화적 성취를 만들어내는

주요 요소라는 결론을 지지하지 않으며, 모든 인간은

교육가능성과 가소성(plasticity)이라는 형질을 갖는다.

---

11   기질에 대해 인간 집단 간 내재적인 차이를 시사하는

분명한 과학적 증거는 없고, 대부분의 경우 개인차나

환경적 요인에 기인한다.

---

12   성격의 경우 인종과 무관한(raceless) 것으로

생각될 수 있다.

---

13   혼혈생식의 경우, 과학적 증거는 인류사의 초기부터

있어온 일임을 가리키고 있고, 다른 종족 간 결혼을

금지할 어떠한 생물학적 정당화도 존재하지 않는다.

---

14   인종에 관한 생물학적 사실과 "인종"에 대한 신화는

구별되어야 한다. 모든 실용적인 사회적 목적 하에서

논의되는 "인종"은 사회적 신화이지 생물학적 현상이

아니다. 생물학적, 사회적 관점 양측 모두에서 인류의

단일성이 핵심이며 인류사는 인간에게 상호 협동의

정신이 자연적이고 근원적임을 보여준다.

15   도덕적 원리로서 평등은 모든 인간이 평등하게
태어났다는 사실에 기초하며, 이와 관련해 인간의
개인적, 집단적 차이에 대해 현재 과학적으로 확립된
내용들은 다음과 같다.

a

인종과 관련해 인류학자들이 효과적으로 사용할 수
있는 분류 기준은 형질적인 것과 생리학적인 것뿐이다.

b

오늘날의 지식으로는 지능이나 기질에 관해 인류 집단
간 내재적인 차이가 존재한다는 증거가 없다. 과학적
증거는 모든 종족들의 정신적 능력의 한계 범위는
동일함을 시사한다.

c

역사적, 사회적 연구들은 유전적 차이가 인간 종 내
다른 집단 간 사회문화적 차이를 결정하는 데 중요하지
않고, 다른 집단 내 사회문화적 변동은 내재적 [유전적]
구성의 변화와는 무관하다는 관점을 지지한다. 막대한
사회적 변화들은 인종 유형의 변화와 어떤 식으로든
연관되어 있지 않다.

d

생물학적 관점에서 혼혈생식이 [그 자손에게] 나쁜 결과를 불러일으킬 것이라는 증거는 없다. 혼혈생식의 사회적 결과가 좋은지 나쁜지는 사회적 요인에 기인한다.

e

모든 정상적인 인간은 공통의 삶을 공유하고, 상호 봉사와 호혜성의 본성을 이해하며, 사회적 의무와 사회계약을 존중할 학습 능력을 지니고 있다. 다른 집단 사이에 존재하는 생물학적 차이는 사회적, 정치적 조직, 도덕적 삶, 사람 간 의사소통의 문제와 무관하다.

16

마지막으로, 생물학 연구는 보편적 형제애의 윤리를 지지한다; 인간은 태생부터 협동을 추구하는 경향을 갖고 있으며, 이런 경향을 충족시키지 않는 한 개인과 국가는 병든 상태가 되고 말 것이다. 인간은 다른 인간들과의 상호작용을 통해서만 완전한 발달을 이룰 수 있는 사회적 존재이다… 이런 점에서 모든 인간은 그의 형제의 수호자이다.

성명이 출판된 직후 세계 언론이 보인 반응은 유네스코 사회
과학국 당국자들을 들뜨게 했다. 당시 사회과학국은 인종 성
명을 보도한 기사가 200건이 넘고, 이들 모두 과학을 이용한
인종 편견 퇴치라는 유네스코의 기획을 호의적으로 평가했다
고 파악했다. 유네스코 기관지 『쿠리에(Courier)』는 이 성명을
"세계의 과학자들로부터 보편적으로 인준된" 것으로 홍보했
다. 특히 1954년 미국 연방대법원은 '브라운 대 토피카 교육
위원회 재판'에서 백인과 유색인종을 같은 공립학교에 다니
지 못하게 하는 인종 분리주의법이 위헌이라고 판결했는데,
그 중요한 '과학적 근거'로 1950년 유네스코의 '인종 성명'을
채택했다. 유네스코의 인종 성명 기획은 국제적으로, 사회적
으로, 법적으로 구현된 것처럼 보였다.

　　　　그러나 '세계의 과학자들'의 '보편적 인준'이라
는 표현이 무색하게 유네스코 성명은 출간 후 반년도 채 지나
지 않아 각국 과학자 집단의 공격에 직면했다(Maio and Santos
2015: 18~20). 포문을 연 것은 영국왕립인류학연구소의 임원
이자 연구소의 학술잡지 『인간(Man)』의 편집장 윌리엄 팩
(William Fagg)이었다. 1951년 1월, 팩은 자신의 저널에 유네스
코 성명에 대한 세계 각국 체질 인류학자들의 비평을 모아 서
신 특집호를 만들었다. 이 특집호는 유네스코 성명에 관한 수
많은 비판들로 채워져 있었다. 여러 저자들의 공통된 비판은
다음의 세 가지였다. 첫째, 선언문은 인종에 관한 사회적 개념

과 생물학적 개념을 분별없이 뒤섞을 뿐만 아니라 후자가 부적절한 개념이라고 주장한다. 인종의 생물학적 우열을 부정한다면서 생물학적 인종 개념 자체까지 거부하는 것은 당시 대다수 체질 인류학자들이 받아들일 수 없는 주장이었다. 둘째, 인종적 차이가 정신적 형질에 미치는 영향이 없다는 주장 역시 당시까지 과학적으로 전혀 입증되지 않았다. 셋째, 인간이 보편적 형제애를 추구하는 성향이 있다는 단언은 과학적으로 근거가 없다. 특집호에 기고한 체질 인류학자들은 특히 유네스코 성명의 마지막 부분, 인간이 보편적 형제애를 추구한다는 논의를 가장 문제 삼았다. 그들이 보기에 유네스코 성명은 "과학적 정리라기보다는 철학적, 이데올로기적 독트린에 더 가까운", 또 "과학적 사실에 기초"하기보다는 반인종주의를 목표로 한 프란츠 보아스의 문화인류학이라는 "특정한 인류학파의 소망"을 토대로 한 단언들이었다.

팩은 특히 '보편적 형제애' 논의가 유네스코 성명이 '아마추어 평등주의자들'의 작품임을 잘 보여주는 증거라고 생각했다. 팩이 보기에 그 아마추어들 가운데 체질 인류학자라고는 몬터규뿐인데, 그는 몬터규마저도 "결단코 (과학의 관점에서) 보편적으로 받아들여질 수 없는" 주장만 되풀이한다고 비판했다. 이후 유사한 비판이 남아프리카공화국 및 네덜란드 체질 인류학자들의 항의 성명, 유럽 각국 인류학자들의 서신, 미국체질인류학회 성명 등에서 반복되었다. 이들에게 있어 유네스코 성명은 평등주의라는 이데올로기적 목적을 위해 인종 개념을 과학의 영역에서 부당하게 일소하려하는 시도였다.

5

과학적 전문성으로
유네스코 성명을 구제하기

유네스코 사회과학국은 체질 인류학계의 비판을 받아들여 성명을 수정하기로 결론지었다. 사회과학국은 1950년 성명의 '원죄'를 '저명한 생물학자들과 체질 인류학자들'을 포함시키지 않은 데서 찾았다. 그 결과 유네스코 성명의 외부 평가를 맡았을 뿐만 아니라 당시 가장 저명한 유전학자 가운데 한 명이었던 레슬리 던의 주도로 2차 국제 전문가 회의가 조직됐다. 던 역시 "인종에 관한 생물학적 문제에 해당하는 영역에 전문성을 가진 집단, 즉 체질 인류학자들과 유전학자들의 권위를 확보하지 못"해 비판 받았다고 생각했다(Maio and Santos

2015: 19~20).

1951년 6월 4~8일 파리 유네스코 하우스에서 개최된 2차 국제 전문가 회의는 '과학적 권위'를 확보하기 위해 철저히 체질 인류학과 유전학 전문가들로만 구성됐다(Maio and Santos 2015: 19~20). 여기에 참여한 열 세 명의 전문가 중에는 앞서 학술지 『인간(Man)』에 유네스코 1차 성명을 비판하는 글을 게재한 체질 인류학자 앙리 빅토르 발루아(Henri Victor Vallois)와 당시 국제 생물학계를 이끌던 도브잔스키, 유네스코 사무총장 헉슬리, 할데인(J.B.S. Haldane) 등이 이름을 올렸다. 비록 환영받지는 못했지만 1차 성명을 주도했다는 이유로 몬터규 역시 참여했다. 다만 그에게는 옵서버 자격만이 주어졌다.

같은 해 9월 전문가 회의의 결과물로 『인종의 본성과 인종적 차이에 관한 성명(Statement on the Nature of Race and Race Differences)』이 출간되었다. 이 1951년 성명에 관해 외부 의견들을 반영한 최종 성명은 1952년 5월 26일 『인종 개념: 질의에 관한 결과들(The Race Concept: Results of an Inquiry)』이라는 제목의 소책자로 출판되었다. 2차 성명은 1950년 성명의 내용 중 평등주의적, 윤리적 단언으로 지적된 부분들을 삭제하고, 생물학적인 사실만 전달하는 논조로 서술됐다. 2차 성명 작성에 참여한 체질 인류학자 해리 샤피로(Harry Shaprio)에 따르면, 이는 전반적으로 '문화결정론적' 입장과 이에 기초한 평등주의의 이상을 강조하는 내용들을 없앤 동시에 "최선의 과학적 의견을 대변"하고 과학계의 "일반적 합의의 총체"만을 서술한 결과였다(Shapiro 1952). 수정 성명은 인종주의에 대해서는 1950년 성명과 동일하게 거부하는 입장을 취했지만 '인종'이라는 개념 자체는 생물학의 분류 도구로 이용될 수 있다고 명시했다. 이와 함께 '인종적' 분류의 정치적 · 사회적 함의를 제거하여 인종 개념을 과학적 연구에 이용하는 것을 정당화하는 내용을 담기도 했다. 예를 들어 수정 성명은 국적과 인종을 혼동하는 것은 오류이며 유전학적으로 '집단'에 해당하는 것에 한해서 인종 범주를 활용해야 한다고 적시했다. 마지막으로 인종적 차이가 정신적 형질에 끼치는 영향에 대해서도 현재로서는 알 수 없고 더 연구가 필요하다며 여지를 남겨두었다.

　　　　이 수정 성명은 유네스코 바깥의 과학자들을 만족시켰을까? 많은 유전학자들과 체질 인류학자들은 동료 과학자들이 작성한 수정 성명도 여전히 문제가 많다고 보았다. 예를 들어 영국의 유전학자 달링턴(C. D. Darlington)은 행동 영역에서의 인간 집단 간 차이의 존재는 흑인이 운동이나 음악 영역에서의 탁월성을 보이는 것처럼 일상에서 흔히 확인할 수 있다고 보았다. 그는 이런 인종 간 차이를 인정하는 일은 "각 인종의 다른 재능, 능력, 역량들이 모든 인종들에게 이득이 되도록 사용할 수" 있는 기회이므로, 유네스코 성명처럼 굳이 부정할 필요가 없다고 주장했다. 당시 체질 인류학계에서 이름을 날리던 미국의 인류학자 쿤(Carleton S. Coon)은 여기서 더 나아가 특정 인종이 정신적 · 형질적으로 더 우월하든 그렇지 않든 이는 평등의 문제와 관련이 없다고 주장했다. 왜냐하면 모든 인간은 "인간이므로 평등하게 대우받아야 하기 때문"이다. 이들은 몬터규가 상정한 것과 달리 평등에 대한 도덕적 질문이 반드시 생물학적 기반을 둘 필요는 없다고 주장했다(Selcer 2012: S180~S181). 당시 대다수의 유전학자들과 체질 인류학자들이 보기에 인종 간 생물학적 차이의 존재를 인정하는 일이 반드시 사회적 불평등을 정당화하는 것은 아니었다. 유네스코의 기획은 평등주의와 같은 사회적 가치에 관한 문제를 과학의 영역으로 부당하게 끌고 들어와 올바른 과학 활동을 저해한다는 입장이었다.

　　　　이후로도 인종 성명 수정안이 제출될 때마다 유사한 종류의 비판이 이어졌다. 1960년대 초반은 아프리카 지역의 탈식민화와 그에 따른 신생국들의 유엔 가입, 비동맹운동, 미국 내 소수자 민권운동 등의 맥락에서 반인종주의 정치 지형이 강화되던 시기였다. 이런 정치적 소용돌이 속에서 1962년에 개최된 유네스코 총회는 인종 편견을 퇴치하고 인간 다양성을 기념할 방안으로 유네스코 인종 성명을 개정하기로 결의했다. 그 결과 과거와 비슷한 절차를 거쳐 수정된 인종 성명이 1964년에 최종적으로 제출됐다. 1964년 성명은 이전 성명들보다 생물학적 평등론과 문화결정론이 더 강화된 내용을 담았다. 예를 들어 해당 성명은 지능을 포함해 어떤 문제에 있어서도 "인종의 일반적 우수성이나 열등성을 생물학적으로 말하는 것은" 불가능하다고 분명하게 못 박고 "다른 집단 간 성취의 차이는 그들의 문화적 배경에 기인한 것으로만 보아야 한다"고 단언했다.

　　　　1964년 성명에 대해 시카고대의 생리학자 잉글 (Dwight Ingle)은 십여 년 전의 달링턴이나 쿤과 유사한 방식으로 비판했다. 그는 과학적 진리가 당시 민권운동으로 대표되는 정치적 압력에 의해 왜곡되고 있다고 비판하며, 1964년 성명을 평등주의의 오류를 지닌 것으로 규정했다. 드와이트는 과거 나치가 인종주의를 이용해 올바른 과학 활동을 훼손했던 것처럼, 오늘날에는 평등주의라는 반대 극의 사회적 가치가 인종과 지능에 관한 과학적 문제들을 탐구하지 못하게 막고 있다고까지 주장했다(Selcer 2012: S181~S182). 그러나 잉글의 비판과 달리 당시에는 이미 지능에 관한 유전 연구를 수행하는 행동유전학이라는 전문 분야가 등장한 상황이었고, 1960년대 중후반까지 행동유전학자들은 지능에 관한 인종적 차이를 찾는 것을 과학적으로 부적절한 연구 주제로 여겼다 (Panofsky 2014). 결국 잉글의 문제제기는 과거와 달리 커다란 논쟁 없이 몬터규와 동료들의 '상식적인' 반대 논평 하나로 종결됐다.

6
가치의 포용 :
과학적으로도 더 건강한
연구 방향을 찾아서

유네스코 인종 성명을 둘러싼 기나긴 논쟁의 쟁점은 인간 다양성에 관한 과학이 어떤 방향으로 나아가야 하는가에 있었다. 유네스코 성명 초안을 입안했던 몬터규나 이를 수정하는 데 참여한 전문가들은 서로 정도의 차이가 있기는 했지만 어찌되었든 인종 편견을 일소하고 평등이라는 가치에 확실한 기반을 제공하는 것이 좋은 과학이며, 인간 과학은 이 방향으로 나아가야 한다고 생각했다. 이런 시각에서 이루어진 가장 급진적인 결론은 1950년대 대부분의 유전학자들과 체질 인류학자들이 동의할 수 없었던 몬터규의 입장, 바로 '인종'을 생물학적으로 의미 없는 것으로 만드는 일이었다. 유네스코의 과학자들이 사회적으로 좋은 과학을 인간 과학의 지향점으로 인식했다면, 성명에 비판적인 과학자들은 과학의 권위를 특정한 사회적 신념을 정당화하기 위해 부당하게 끌어다써서는 안 된다고 생각했다. 비판자들이 보기에 성명 입안자들의 과도한 평등주의, 혹은 반인종주의적 신념은 전쟁 이전의 인종주의자들만큼이나 올바른 과학 활동을 침해하는 것이었다. 이들에게 과학이란 사회적 가치의 투영이 없는, 과학 내부 규범에 의해서만 작동하는 독자적 활동이어야 했다. 이들은 사회적 선에 과학의 규범을 양보할 생각이 추호도 없었다.

이 글의 처음에서 언급한 유전학자 라이크의 최근 논쟁에서 볼 수 있듯이, 인류유전학 분야에서 과학의 가치중립성을 가정한 '과학적 올바름'과 반인종주의로 대표되는 '사회적 선'을 둘러싼 논쟁은 현재진행형이다. 과거와 오늘날 논쟁의 차이점은, 적어도 라이크를 제외한다면, 논쟁의 참여자들이 문제를 '사회적으로 좋은 과학 vs 과학적으로 옳은 과학'이라는 이분법적 구도로 이해하지 않기 시작했다는 것이다. 많은 인문사회 연구자들과 자연과학자들은 집단을 선정하고 분류하는 활동이 완전한 정치적, 사회적 진공 속에서 이루어질 수 없으며, 특히 과학 분야에서 인종 개념을 사용하는 것 자체가 정치적으로 중요한 쟁점이 된다는 사실을 이해하게 됐다. 그 결과 2018년 '인종 차'가 증명됐다는 라이크의 문제적 주장에 대해 다양한 분야의 전문가 67명이 곧장 비판 성명을 냈다(Kahn et al. 2018). 라이크의 주장과 달리 수많은 과학 연구들이 인간 종 내에 지리적 차이에 따른 유전적 변이가 존재한다는 점을 연구하고 드러내 왔지만, 동시에 이런 유전변이의 패턴은 인종에 관한 생물학적 정의와도 맞지 않고 사회적, 문화적으로 매우 유동적인 인종 집단의 분류와도 들어맞지 않는다는 점 또한 보여주었다. 이 비판 성명은 사회적으로 좋으면서도 과학적으로도 올바른 인간 다양성 연구의 방향에 대해서도 제안했다. 사회과학자들 및 인문학자들과 더 많은 학제적 협력을 통해 인종을 포함한 다양한 분류 체계들의 역사성과 사회적 성격들을 이해하고, 보다 사려 깊은 인류유전학 연구를 수행하자는 것이다.

오늘날 한국을 포함한 여러 민주사회에서는 혐오와 차별의 문제성을 그 어느 때보다도 분명하게 인지하고 있지만, 다른 한편 현실에선 혐오와 차별도 공공연하게 벌어지고 있다. 이 혐오의 시대에 필요한 인류유전학은 반인종주의라는 사회적 가치가 과학의 규범을 훼손할 것을 우려하는 소극적 과학이 아니다. 과학 일반이 갖고 있는 가치적재적인 성격을 적극적으로 인정하고 올바른 사회적 가치들을 포용하면서도, 과학적으로도 더 건강한 연구 방향을 찾아야 한다. 이는 소수의 유전학 전문가들만이 아니라 더 넓은 학제적 학문 공동체가 함께 모색하며 만들어가는 과학일 것이다.

함께 생각해 볼 문제

1

한국에서 인류유전학의 성과를 오용해 한국인과 주변 집단(중국인, 일본인 등) 및 국내 거주 이주자들 간의 '민족적 차이'를 강조하며 사회적 차별과 혐오를 정당화하는 사례가 있는지 찾아보자. 또 오용된 인류유전학 연구 논문들을 직접 찾아 읽고, 어떤 부분을 오용했는지, 그리고 논문 저자들의 글쓰기 방식에서 어떤 부분이 이런 오용을 야기하게 만들었는지를 생각해보자.

2

오늘날에도 반인종주의와 같은 '정치적 올바름' 때문에 인종 간 유전적 차이에 관한 과학 연구들이 무시되거나 제대로 인정받지 못하고 있다는 주장들이 종종 제기된다. 이런 주장들이 과학과 가치의 관계에 대해 어떤 가정들(예: 과학의 가치중립성)을 담고 있는지, 그리고 그런 가정들이 왜 적절하지 않은지를 이 책 1부의 논의들을 가져와 설명해보자.

3

인간과 동물을 비롯한 생명체를 연구 대상으로 삼는 생명과학과
생의학 분야에서는 사회적 가치와 관련한 논쟁이 빈번하게 일어난다.
대표적인 사례로는 동물권과 동물실험 문제를 들 수 있다. 이처럼
반인종주의와 같이 생명과학 연구에 영향을 끼칠 만한 사회적 가치와
관련된 논쟁들을 찾아보고, 유네스코 인종 성명 논쟁과 비교했을 때
논쟁의 핵심 쟁점 및 사회적 여파 등이 어떤 점에서 같았고, 어떤 점이
달랐는지 등을 생각해보자.

1
본 장은 2021년 8월 〈과학과 가치 연구회〉
제 2회 워크숍에서 발표한 초고와 2021년
12월 고등과학원 웹진 HORIZON에 「좋은
과학과 옳은 과학 사이에서: 유네스코
인종 선언문 논쟁」이라는 제목으로 실었던
내용을 수정·보완한 글이다.

도나 디켄슨(강명신 역). 2018.『한 손에 잡히는 생명윤리: 난자 매매부터 유전자 특허까지』. 동녘.

레나타 살레츨(정영목 역). 2021.『알고 싶지 않은 마음: 탈진실 시대의 무지의 전략들』. 후마니타스.

슈타판 뮐러빌레 · 한스 외르크 라인베르거(현재환 역). 2022.『유전의 문화사』. 부산대학교출판문화원.

에릭 M. 콘웨이 · 나오미 오레스케스(유강은 역). 2012.『의혹을 팝니다: 담배산업에서 지구 온난화까지 기업의 용병이 된 과학자들』. 미지북스.

이상욱. 2008.「과학은 언제나 가치중립적인가」.『철학으로 과학하라』(최종덕 외). 웅진지식하우스. 16~34쪽.

현재환. 2021.「인종 분류의 과학사와 그 흔적들: 뷔퐁에서 한민족까지」.『코리아 스켑틱』. 24호. 82~97쪽.

Bliss, C. 2012. *Race Decoded: The Genomic Fight for Social Justice.* Stanford University Press.

Kahn, J. et al. 2018. "How Not to Talk about Race and Genetics." *BuzzFeed News.* March 30, 2018 (https://www.buzzfeednews.com/ article/bfopinion/race-genetics-david-reich).

Maio, M. C., and R. V. Santos. 2015. "Antiracism and the Uses of Science in the Post-World War II: An Analysis of UNESCO's First Statements on Race(1950 and 1951)." *Vibrant: Virtual Brazilian Anthropology.* Vol. 12. pp.1~26.

Marks, J. 2000. "Ashley Montagu, 1905~1999." *Evolutionary Anthropology.* Vol 9. no. 3. pp.111~112.

Marks, J. 2017. *Is Science Racist?.* John Wiley & Sons.

Nielsen, K. H. 2019. "1947~1952: UNESCO's Division for Science and Its Popularization." *Public Understanding of Science.* Vol. 28, no. 2, pp.246~251.

Panofsky, A. 2014. *Misbehaving Science: Controversy and the Development of Behavior Genetics.* The University of Chicago Press.

Reich, D. 2018. "How Genetics Is Changing Our Understanding of 'Race'." *The New York Times.* March 23, 2018 (https://www.nytimes. com/2018/03/23/opinion/sunday/ genetics-race.html).

Shapiro, H. 1952. "Revised Version of UNESCO Statement on Race." *American Journal of Physical Anthropology.* Vol 10. No.3. pp.363~368.

Selcer, P. 2012. "Beyond the Cephalic Index: Negotiating Politics to Produce UNESCO's Scientific Statements on Race." *Current Anthropology.* Vol. 53. No. S5. pp.S173~S184.

UNESCO. 1946. "Constitution of the United Nations Educational, Scientific and Cultural Organization." November 4. 1946. (https://treaties.un.org/pages/ showdetails.aspx?objid= 08000002801651f0).

UNESCO. 1950. *UNESCO and Its Programme III: The Race Question.* UNESCO.

UNESCO. 1951. *Statement on the Nature of Race and Race Differences.* UNESCO.

UNESCO. 1952. *The Race Concept: Results of an Inquiry.* UNESCO.

Wedow, R., D.O. Martschenko, and S. Trejo. 2022. "Scientists Must Consider the Risk of Racist Misappropriation of Research." *Scientific American.* May 26, 2022. (https://www.scientificamerican.com/ article/scientists-must-consider-the-risk-of-racist-misappropriation-of-research/)

Yudell, M., D. Roberts, R. DeSalle, and S. Tishkoff. 2016. "Taking Race Out of Human Genetics." *Science.* Vol.351. No.6273. pp.564~565.

이
두
갑

21세기
기업가형
과학자와
과학적 덕목의
역사 [1]

"1980년대를 지나며 우리는 기업가형 과학자의 등장을 목도했다. 실리콘밸리로 대표되는 혁신 창업자들은 중앙집중화된 군·산·학 복합체를 해체하고, 새로운 통신기술이나 혁신적 생명과학을 통해 보다 민주적이고 분산화되고 효율적인 사회를 건설할 수 있다고 주장했던 사회적 혁신가들이기도 했다."

이
두
갑

서울대 과학학과 교수. 주된 연구 분야는 과학기술과 자본주의의 발달 과정에서
나타난 상호작용이며, 특히 20세기 이후 자연과 생명의 사유화 과정에서 나타나는
사회적·제도적·법적·윤리적 문제들을 분석하는 연구에 관심이 많다.
서울대에서 지구환경과학을 전공하고, 동 대학원 과학사 및 과학철학 협동과정에서 석사,
미국 프린스턴대에서 역사학(과학기술사) 박사학위를 받았다. 저서는 미국에서 출간된
『재조합 대학(The Recombinant University)』이 있으며, 편저로 『아는 것이 돈이다』와
역서로 『자연 기계』가 있다.

1
21세기 과학기술의 힘, 새로운 과학자의 덕목

21세기 과학기술은 국가의 경제발전과 안보, 그리고 보건과 복지향상에 근본적인 역할을 수행하고 있다. 과학기술은 국가와 기업의 후원을 받으며 국가 안보를 위한 첨단 무기류에서부터 반도체와 같은 국제무역의 핵심 상품들, 그리고 공중보건과 복지에 필수불가결한 신약과 백신들을 끊임없이 개발하고 있다. 이 과정에서 과학기술은 학계를 넘어 국가와 기업, 그리고 글로벌 경제체계에 결합된다. 21세기의 과학기술은 지식과 권력, 그리고 부의 중심에 위치한 필수불가결한 활동으로 부상한 것이다.

과학기술이 이렇게 힘과 권위의 원천이 되면서, 과학 활동의 가치와 과학자의 덕목(virtue)에 대한 질문 또한

21세기 들어 더욱 중요해지고 있다. 근대 과학자의 이상적 모습은 하나의 소명(calling)으로서의 과학 그 자체만을 연구의 목적으로 하며, 객관성과 중립성이라는 가치의 담지자로 그려졌다. 그러나 국가와 기업과 결합하여 권력과 이윤 추구가 연구의 주된 동기가 된 21세기의 과학 활동에서, 과학자들은 어떠한 가치를 추구하고, 어떠한 덕목을 구현하는 것일까? 이러한 질문에는 21세기의 과학자란 어떤 사람들이고, 그들의 활동이 어떻게 우리 사회를 공평하고, 정의롭고 풍요롭게 만들어 줄 수 있는가에 대한 고민이 자리 잡고 있다.

21세기 과학기술학 연구들은 과학기술과 자본주의와의 관계라는 틀에서 과학기술 활동의 특징과 과학자들의 덕목을 성찰하고 있다(Rieppel et al. 2018). 특히 생명공학과 같은 첨단 지식-기반의 산업과 대학에서 활발해진 벤처 창업을 통해 지식의 사유화가 가속화되면서 '기업가적 과학자'와 같은 새로운 정체성을 지닌 이들이 출현했다. 이들의 등장은 과학기술의 본질과 과학자의 정체성에 대해 대양한 질문을 제기한다(Rabinow 1996; Yi 2015). 이 글은 과학자들이 지녀온 덕목과 사회적 역할에 대한 기대가 역사적으로 어떻게 변해 왔고, 시대의 흐름에 따라 과학자들의 이미지가 어떻게 재창출되고 있는지 논의하고자 한다. 이를 통해 과학 활동의 가치와 과학자의 덕목에 관한 문제를 살펴보고, 이를 기반으로 21세기 과학자의 새로운 모습을 전망해 볼 수 있을 것이다.

2
근대 과학의 등장과
과학자의 소명

진리와 지식을 발견하고 생산하는 지식인과 과학자, 그리고 이들이 지닌 덕목 간의 관계는 역사적으로 어떻게 변화해왔는가? 권위 있는 지식을 발견하는 자가 특별한 덕목을 소유하고 있다는 믿음, 즉 지식의 권위와 그것을 지닌 자의 덕목이 특정한 관련이 있다는 믿음은 고대로부터 연유된다. 고대 그리스에서 시인은 그들이 지닌 덕목으로 인해 계시를 받아 신들의 뜻이 담긴 창작물을 노래하는 축복받은 이들이었다. 고대 중국에서는 도덕적 수양으로서 학문을 해야 진정한 도를 깨우칠 수 있다고 했다. 중세 유럽에서는 "지식은 하느님의 선물이니 판매할 수 없다"는 믿음 하에, 지식은 타인을 위한 봉사라는 덕목을 지식인에게 요구했다.

　　　　이처럼 권위 있는 지식에 대한 믿음과 지식인들이 보다 특별한 덕목을 지니고 있다는 믿음은 17세기 근대 과학의 탄생기, 즉 과학혁명기에 과학자들의 정체성 형성에 중요한 기반으로 작동했다(Shapin 1994). 17세기의 한 과학자는 현미경을 통해 신의 창조물을 관찰할 수 있게 되었다며, 자신의 소명을 다음과 같이 말했다. 그 자신처럼 "벼룩과 같은 미천한 생명체에 대한 지식을 발견하는 자는 마치 세상을 창조한 신의 섭리를 밝혀주는 자와 같다"는 것이다. 이렇게 신의 섭리를 이해하고 이를 세상에 전파하는 과학자는 신의 부름을 받아 그의 뜻을 세상에 알리는 특별한 덕목을 지닌 사람으로 간주되었다.

프랜시스 베이컨은 근대 과학자의 정체성을 보다 명확히 했다. 그는 과학자가 자연철학적 덕을 쌓아야 하며, 우리가 자연을 객관적으로 이해할 수 없게 만드는 4가지 우상(인간 본성에 기반한 편견인 종족의 우상, 환경과 교육에서 오는 편견인 동굴의 우상, 언어의 한계로 부터 오는 시장의 우상, 전통과 권위에 기반한 편견인 극장의 우상)을 타파해야 한다고 주장했다. 그는 이러한 편견과 우상을 극복하고 정확한 사실을 축적하는 방법으로 경험과 실험의 중요성을 강조했다. 그는 무엇보다 근대 과학의 기반이 된 자연철학적 방법론과 새로운 실험도구로 베일에 싸인 자연의 비밀을 드러낼 수 있다고 지적했다.

17세기에 자연에 대한 지식의 창출자라는 과학자 상을 만들어간 이들은 자연의 원리에 대해 얻은 지식은, 신이 인간을 위해 창조한 자연을 인간의 의지대로 사용할 수 있게 해 주는 성스러운 지식이라는 점을 강조했다. 17세기 대표적 실험철학자였던 로버트 보일(Robert Boyle)은 자연철학자들은 신이 만든 자연의 책을 읽고 실험하여 신의 섭리를 밝히는 '선택받은 이들'이라고까지 주장했다. 과학자는 조물주가 자연 속에 숨겨둔 창조의 섭리를 밝히는 새로운 시대의 성직자라고 보았으며, 그런 의미에서 지식이란 신이 창조한 자연을 통해 인간에게 힘을 주는 것이었다.

근대 과학의 발전을 통해 꿈꾸게 된 이상향 역시 과학자들에게 새로운 덕목을 요구하는 곳이었다. 베이컨이 『뉴 아틀란티스』에서 벤살렘(Bensalem) 왕국이라고 이름 지은 이상향에서, 과학자는 자신의 이익보다 공공의 이익을 우선시하는 신의 섭리를 체현한 인물로 그려진다. 이곳에서 과학자들은 '솔로몬 학술원'이라는 연구기관을 통해 서로 협력하고, 실험을 통해 자연에 대한 지식을 얻고 이를 공유한다. 새롭게 얻은 과학적 지식은 인류 전체를 위해 공개하는 것이 중요한 의무였다. 과학자는 개방과 협력이라는 덕목을 통해 인류에게 물질적 풍요와 정신적 유산을 가져다주는 근대적인 인물이었던 것이다. 이런 베이컨의 이상은 현존하고 있는 가장 오래된 과학 학회 중 하나인 영국의 왕립학회(Royal Society) 설립의 기반이 되기도 했다.

이처럼 근대 과학이 출현한 17세기 과학혁명기에 전통적인 과학자의 정체성도 형성되었다. 이에 따르면 과학자는 실험을 통해 자신의 가설을 검증하고, 수학적이고 연역적인 추론을 통해 차갑고 객관적인 시선으로 자연에 있는 지식을 발견하는 사람이다. 근대 과학의 주창자들은, 과학자는 자신의 이익을 위해 비밀스럽게 새로운 발견을 감추고 독점적으로 사용해서는 안 된다고 주장했다. 과학자는 자신의 발견을 공동체에 공개하고 이의 공유를 통해 공동체 삶의 물질적 향상을 가져다주어야 한다는 것이다. 나아가 과학자는 실험실에서 공평한 과학을 실천하고 공동체의 비판에 열린 자세를 체화한 지식인이어야 했다. 정치적·종교적 이해관계에 휘둘리는 다른 사람들과 달리, 과학자들은 지식의 진보와 덕을 체화한 근대적 인간의 표상이라고 주장하는 이들도 등장했다. 이들에게 있어, 이상적인 과학자의 모습은 객관적인 지식을 발견하고, 과학 활동을 통해 자신을 선하고 덕성 있는 지식인으로 훈련시키고, 이를 통해 사회를 공평하고 풍요롭게 만들어주는 소명을 지닌 사람이었다.

과학자 :
소명에서 직업(vocation)으로

근대 과학자가 신성하기까지 한 방식으로 진리를 추구하고,
공평무사하고 박애적인 덕을 가지고 열린 방식으로 지식의
확산을 위해 노력하는 이상적 소명을 지닌 사람이라는 믿음
은 고귀한 것이지만, 18~19세기를 지나면서 실제 과학자의
활동은 점차 이상적 과학자의 모습과 거리가 멀어지게 된다.
소명으로서의 과학자의 이상은 과학과 지식 전반의 세속화,
과학기술과 산업의 결탁이라는 역사적 변화를 거치면서, 국
가 통치와 기업 경영에 필수적인 전문가 집단 정도로 변모하
게 된다. 산업화 시대에 과학자는 핵심적이지만, 다른 전문가
집단과 그 도덕적 측면에서 그다지 다를 바 없는 하나의 직업
전문가 집단으로 위상이 바뀌게 된 것이다. 20세기 초가 되면
과학자는 소명으로서의 과학을 추구하는 것이 아니라, 하나
의 직업으로 과학을 추구하는 사람이라는 정체성을 더 강하
게 갖게 됐다(Shapin 2008).

20세기 초 이러한 변화를 감지했던 사회과학자

는 과학과 도덕, 그리고 과학자의 정체성에 대해 깊게 고민했던 독일의 막스 베버였다. 1905년에 발표한 그의 강연 『직업으로서의 학문』은 현대 사회에서 과학의 의미와 과학자의 역할에 대한 분석을 시도했다(강연 제목 중 '학문(Wissenschaft)'이라는 독일어는 자연과학과 사회과학을 포괄한다). 베버에 따르면 서구 사회에서 과학자의 모습은 자본주의의 등장과 직업 전문화로 인해 놀랄 만큼 변했다. 그는 과학과 의학이 국가기관과 산업으로부터 지원을 받고 유용한 발명과 치료법을 통해 수익을 얻는 하나의 비즈니스가 됐다고 지적했다. 학문의 교육과 연구를 수행하는 과학자 역시 소비자인 국가와 기업, 학생에게 전문지식을 판매하는 사람으로 취급되고 있다고 한탄했다 (Weber 1919/1946).

베버는 이 강연에서 당시 변모하고 있던 학자의 모습이 대표적으로 드러난 미국의 상황에 대해 논의한다. 그는 근대 과학의 발전과 그 결과로 변화된 학자의 삶이 가장 '순수'하고 극명한 형태로 나타난 나라가 미국이라고 지적한다. 대표적인 예는 미국 대학생들이 교수의 활동과 그 역할, 그리고 학자라는 직업을 어떻게 이해하는지에서 드러난다. 당시 미국에서 교수라는 지식인은 학비를 받고 자신의 지식을 학생들에게 판매하는, 마치 식료품점에서 야채를 파는 사람들과 특별히 다를 바 없는 사람이었다. 당시 미국의 대학생들이 지식인에 대한 갖는 이러한 관점은, 지식을 생산하는 자가 특별한 도덕적 덕목을 갖고 있지 않으며 자신의 전문 영역을 벗어나면 도덕적인 차원은 말할 것도 없이 그 어떠한 측면에서도 일반인과 다를 바가 없는 존재라는 것이었다.

베버는 학자뿐만 아니라 학문 그 자체의 성격이 변한 것 역시 지식인들이 지녔던 특별한 도덕적 지위의 하락과 관련이 있다고 지적한다. 그는 톨스토이의 말을 인용해 "과학은 의미가 없다. 왜냐하면 그것은 우리에게 가장 중요한 질문, 즉 우리가 무엇을 해야 하고, 우리가 어떻게 살아야 할 것인가라는 질문에 아무런 대답을 해주지 못하고 있기 때문이다"고 지적했다. 톨스토이에 의하면 과학은 합리적으로 자연에 대한 사실을 발견하는 것이었으며, 사실의 세계를 다루는 학문인 과학이 당위의 문제인 가치와 윤리 문제에 해답을 줄 수는 없다는 것이었다.

베버는 이에 더해 합리화(rationalization)라는 개념을 통해, 역동적으로 진보하는 과학의 특징이 학자들에게 삶의 의미와 그 소명을 찾기 어렵게 만든다고 지적한다. 그가 보기에 과학의 발전이란, 그 이전의 학자들이 추구했던 지식에서 오류를 찾거나 더 심할 경우 무의미한 것으로 만드는 것이다. 가장 독창적이고 우수한 학자의 업적이란 결국 과거 과학의 오류를 지적하거나, 과거의 학자들이 간과했던 새로운 시각과 방식으로 질문을 제기하고 새로운 답을 내놓는 것이기 때문이다. 결국 한 과학자가 자신의 생을 바쳐 열정적으로 이루고자 하는 업적은 과거의 학문을 능가하는 새로운 지식의 추구이고, 그 과정에서 결국 자신의 업적 또한 언제인가 '뒤떨어진' 지식이 되는 역설적인 운명에 처하게 된다는 것이다. 학자의 숙명이 이렇다면, 그들은 어떻게 자기 작업의 의미와 가치, 소명을 찾을 수 있을 것인가?

베버는 과학기술의 진보가 인간의 삶을 풍요롭게 할 것이라는 순진한 낙관주의는 20세기에서 점차 설 자리를 잃고 붕괴되어 가고 있다고 지적한다. 이러한 낙관주의는 니체가 경멸적으로 묘사한 "행복을 발견한 마지막 인간들의 모습"에 다름 아니라고 비판한다. 과학의 가치 추구와 지식인의 소명에 대한 회의적인 시각에서다. 20세기의 합리화, 전문화된 과학과 학문의 추구가 더 이상 '진정한 신', '진정한 자연', '진정한 예술', 그리고 '진정한 의미'에 도달하는 작업이 아니라면, 과연 학자적 삶의 '의미'는 무엇이라 할 수 있겠는가? 베버는, 오직 과학기술의 진보와 물질적 풍요에 대한 신념만을 되뇌면서 이런 중요한 질문에는 대답하지 않는 낙관론자들의 말에 귀 기울일 필요가 없다고 말한다.

그렇다면 19세기가 지나며 점차 심화된 '세계의 합리화와 탈주술화(disenchantment)' 시대에 학문과 과학 활동은 어떠한 가치를 지니며, 학자들은 어디에서 삶의 의미를 찾아야 하는가? 베버는 종교적 의미에서의 소명이 아니라 전문가로서 자신의 직업에 종사하면서도, 그러나 과학과 학문의 열정적 추구를 통해 변화된 자신의 삶에서, 그 의미를 찾을 수 있는지 묻는다. 하나의 직업으로서 과학의 추구가 여전히 세계관을 새롭게 만들어주는 의미 있는 작업인가? 과학 활동의 한계와 제약에도 불구하고 열정적으로 '과학 그 과학만을 위한(science for science's own sake)' 학문을 추구하는 과학자의 모습은, 무도덕(amoral)한 학문의 세계에 새로운 도덕적 가치를 부여해 줄 수 있는 덕스러운(virtuous) 활동이 될 수 있는가?

4
전문가로서 과학자의 무도덕성과
'구체적 지식인'의 부상

과학이 그 한계에도 불구하고 그것을 열정적으로 추구하는 인간을 덕스럽게 만들 수 있는 활동이자, 그 과정에서 과학자를 도덕적 고양으로 이끌 수 있는 에토스(ethos)를 지닌 활동이라고 본 베버에게, 20세기 중반의 과학자들은 어떤 모습으로 비추어질까? 전쟁기 무수한 살상 무기를 개발한 과학자들은 자신의 삶에서 어떠한 의미를 찾을 수 있을까? 특히 핵폭탄과 같이 인류 전체를 공멸로 이끌 수 있는 가공할 살상 기술을 개발한 과학자들의 삶에서 어떠한 도덕적 성찰과 덕을 찾을 수 있을까?

20세기 과학자들의 삶의 양식과 그 도덕적 특징들을 연구한 과학사학자 스티븐 섀이핀(Steven Shapin)은 2차 대전 시기, 무기 관련 연구 과정에서 거대 규모로 조직화된 과학자들의 활동에 대한 새로운 해석이 등장했다고 지적한다(Shapin 2008). 그 대표적인 예로 20세기 중반 과학사회학자 로버트 머튼(Robert Merton)의 연구를 들 수 있다. 머튼은 과학자 자체는 특별한 도덕성을 지니지 않는 일반적인 사람들로 구성되지만, 과학자 사회라는 집단은 그 조직의 지향과 그로 인한 규범들로 현대 사회가 요구하는 전문적이고 객관적인 지식들을 제공해줄 수 있다고 주장했다. 즉 과학자 공동체는 과학지식을 추구하는 과정에서 '보편주의, 공유주의, 이해중립성, 조직화된 회의주의'라는 4가지 규범을 제도화하였으며, 이 결과 특별한 도덕적 덕목을 가지고 있지 않은 '평범한' 과학자들도 지식생산에 기여할 수 있게 됐다는 것이다.

머튼은 이해관계 때문에 편파적이거나 잘못된 지식을 생산하는 과학자들은, 위와 같은 과학자 공동체의 규범에 따라 그 공동체로부터 배제당할 수밖에 없다고 보았다. 그렇기 때문에 과학지식은 다른 지식과는 달리 보편적이며 이해관계로부터 자유로울 수 있게 됐다는 것이 그의 주장이었다. 즉 과학자 자체가 지식인 개인으로서 지닌 덕스러움과 도덕적 성격 때문이 아니라, 과학자 공동체가 추구하는 가치와 그를 가능하게 하는 규범으로 인해 과학적 지식이 보편적이고 객관적인 성격을 지닐 수 있게 됐다는 것이다. 이처럼 머튼은 20세기의 과학자나 지식인들이 도덕적으로 일반인들보다 특별한 지위에 있지도 않고 평범하다는, 도덕적 등가성(moral equivalence)을 지닌 사람들이라는 점을 보여주었다 (Shapin 2008).

그렇지만 과학자의 도덕적 등가성 테제는, 20세기 중반 거대과학의 시기에 국가와 권력, 산업과 경제에 점차 통합되어 가는 과학자들의 역할을 중립적인 전문가의 그것으로 축소시키는 효과가 있었다. 냉전의 격화와 전쟁무기 개발 경쟁, 그리고 경제적 불평등과 환경 파괴가 심화되던 1960년대, 과연 과학자 사회가 중립적 전문가로서의 역할에만 머물러야 하는지에 대한 비판이 나타났던 것이다. 1960년대 사회비판가들은 과학이 군·산·학 복합체(the military-industrial-academic complex)에 봉사하고 있다고 비판하며 새로운 대안적 과학이 필요하다고 역설했다. 과연 이들의 주장처럼 국가와 기업에 묶여버린, 시스템의 기계 부품처럼 수동적으로 살아가는 과학자가 아니라 사회적으로 정의롭고 공정한 과학을 추구하는 과학자의 모습을 전망할 수 있을까? 이는 무엇보다 지식인으로서 과학자의 사회적 역할과 책임이 어떤 것이어야 하는가에 대한 질문이다.

푸코는 이러한 상황에서 보편적 지식인(universal intellectual)의 역할이 점차 사라지고 구체적 지식인(specific intellectual)이 새로운 정치적 행위자로 등장하고 있다고 보았다(Foucault 1977). 19세기에서 20세기 초반까지 서구 역사에서 보편적 정의와 평등한 법에 기반하여 정치권력과 부의 집중에 대항했던 보편적 지식인의 역할이 자유로운 사회에 기여했다면, 20세기 중반 이후로는 전문적 지식과 과학기술의 부상에 비판적 목소리를 낼 수 있는 구체적 지식인의 역할이 점차 중요해지고 있다는 주장이다. 구체적 지식인들은 각자 전문적 영역에서 지식의 생산에 중심적으로 관여한다. 지식은 현대 사회의 권력 행사에서 중요한 역할을 하는데, 이 과정에 '실제적이고 구체적으로' 개입하며 새로운 사회적 가능성을 열 수 있는 지위를 지녔다는 의미에서 '구체적 지식인'이다.

푸코가 구체적 지식인의 대표적 인물로 꼽은 이는 2차 대전 시기 미국의 핵무기 개발에 참여했지만, 이후 핵의 사용을 비판하고 인류를 멸망에 이끌 수 있는 군비경쟁에 반대했던 로버트 오펜하이머(Robert Oppenheimer)이다. 물리학자인 그는 정부와 군부, 학계와 기업이 참여한 '맨해튼 프로젝트'라는 거대과학의 관리자로서 핵무기 개발에 기여했다. 그는 20세기 중반 국가와 기업, 권력과 부와 과학기술의 결합을 매개하며 부상했던 '구체적 지식인'의 전형을 보여준다. 푸코에 의하면 구체적 지식인은 전문가로서 자신의 지엽적 영역에 매몰되어 정치적 조작에 취약할 수 있으며, 보다 넓은 맥락에서 진행되는 권력투쟁의 장에서 수동적으로 이용당할 위험에 처해있기도 하다. 그렇지만 이들은 여러 제약 하에 있기는 하지만 구체적 영역에서 필요한 지식과 권력의 창출자이기 때문에, 기존 권력의 문제점을 지적하고 이를 바꿀 수 있는 구체적이고 지역적 실천의 주체이기도 하다. 초기 핵개발에 참여했지만 그 무기의 사용과 냉전기 군비경쟁에 비판적이었던 오펜하이머는 이러한 구체적 지식인의 가능성을 보여준 인물이었다.

또한 푸코는 20세기 중반 과학기술과 지식이 권력과 통합되어 행사되는 양식이, 전 지구적 차원과 특정한 영역에서 서로 다른, 지역적 다중성(multitude)을 보이고 있다고 지적했다. 그는 이러한 시대에 지식과 권력의 작동에 대항하는 보편적 지식인의 역할은 점차 제한적일 수밖에 없을 것이며, 보다 구체적 영역에서 지역적으로 실천하며 새로운 대항 지식을 창출해낼 수 있는 구체적 지식인의 역할이 새로운 사회 질서를 가져올 것이라고 전망했다. 그는 그런 의미에서 권력과 통합된 지식생산의 장소로서 대학의 역할이 계속 중요할 것이며, 이를 중심으로 각 전문 영역에서 교육과 정보에 대한 이데올로기적 투쟁이 진리와 권력을 둘러싼 싸움의 중요한 장으로 부상하고 있다고 보았다.

이러한 맥락에서 1960년대 말 이후 과학의 중립성을 방패 삼아 과학자들의 사회적 책임을 회피하려는 이들에 대한 비판이 강하게 제기됐다(Agar 2008). 이런 움직임 속에서 지식과 권력의 결합으로 작동하는 과학 활동에서 배제되거나 주변부화 된 과학자들의 역할을 재평가하는 분위기도 생겨났다. 여성 과학자의 위상와 공헌을 재조명하는 작업들이 나타났고, 주변부적 시각을 통해 지배적 과학계가 보지 못한 자연의 새로운 모습들을 발견한 여성이나 흑인 과학자의 사례들이 학자들의 큰 관심을 끌었다. 과학적 지식의 발견만큼이나 과학기술의 폐해에 대한 관심이 높아졌고, 환경오염이나 인종차별, 빈부의 격차와 같은 문제의 근저에 과학기술이 무슨 역할을 했는지를 추궁하는 이들 또한 나타났다.

이처럼 20세기 중반을 거치며 구체적 지식인으로 자리매김하게 된 과학자들은 자신들의 활동이 사회 안에서 부와 권력의 작동방식과 동떨어져 있지 않다는 것에 대해 강하게 자각하기 시작했다. 과학자가 하나의 전문가일 뿐만 아니라, 권력과 부의 재분배에 직접적으로 관여할 수 있는 지식-권력의 넥서스에서 중요한 역할을 한다는 인식이 등장하자, 과학이 과연 우리 사회를 보다 공평하고, 정의롭고 풍요롭게 만들어주고 있는가에 대한 광범위한 의문이 쏟아져 나왔다. 1960년대 반문화운동과 사회변혁의 시기를 거치면서 생태학과 환경과학을 시작으로 과학과 젠더의 관계에 대한 질문, 그리고 대안적 과학과 경제에 대한 탐색은 새로운 과학자의 정체성을 찾아가는 과정의 일부라고 할 수 있을 것이다.

5

1970년대 말 이후
기업가형 과학자의 등장

2차 대전 이후 무기개발과 관련한 거대과학의 출현과 이에 대한 비판은, 1970년대 이후 과학의 상업화가 엄청난 성공을 거두고, 기업가형 과학자(entrepreneurial scientist)가 등장하면서 점차 사그라져 갔다. 구체적 지식인들의 부상과 이들의 비판적 역할에 대한 기대가 대안적 축으로 나타났다면, 과학 활동의 다른 더 큰 축으로 권력과 이윤 추구의 효율적 주체로 부상한 과학자들이 있었던 것이다. 이들 기업가형 과학자들은 구체적 지식인만큼이나 전문성을 지니고 있었으나, 그 지향에 있어 권력과 부의 추구에 보다 적극적이었다. 1970년대의 긴 경제 불황기에, 과학자는 생산성 저하 위기에 빠진 자본주의를 구원할 창의적 혁신가의 모습으로 나타났다. 기업가 정신을 지닌 과학자가 자본주의의 구세주가 된 것이다. 대학 실험실에서 유전자를 조작하면서 생명공학 회사를 창업한 이들, 컴퓨터 알고리즘을 기반으로 정보통신 기업을 창업한 이들은 바로 새로운 자본주의 시대를 만들어나가는 기업가형 과학자였다.

이들은 단순히 진리의 발견자나 개인적 부를 추구하는 과학자의 모습에 만족하지 않았다. 이들은 돈에 팔려나간 이들이라는 과학의 상업화에 대한 다양한 비판에 맞서, 과학자로서의 특정한 사회적 역할을 자임하며 자신들의 과업을 정당화했다. 그 대표적 인물인 생화학자 허버트 보이어(Herbert W. Boyer)는, 1970년대 말 제넨텍(Genentech)이라는 생명공학회사를 설립하여 기업가형 과학자라는 새로운 가치 유형을 보여주었다. 보이어는 특히 기업가형 과학자가 단순히 개인적 이윤만을 추구하는 사람이 아니라, 과학의 결과물들을 아주 빠른 방식으로 사회를 위해 이용될 수 있게 하는 혁신가라고 주장했다(Hughes 2011).

1980년대를 지나며 우리는 또 다른 과학자들의 등장을 목도했다(Rabinow 1996; Yi 2015). 이들은 단지 사적 이득이나 경제적 성장만을 위한 혁신을 추구하지는 않았다. 실리콘밸리로 대표되는 혁신 창업자들은 중앙집중화된 군·산·학 복합체를 해체하고, 새로운 통신기술이나 혁신적 생명과학을 통해 보다 민주적이고 분산화되고 효율적인 사회를 건설할 수 있다고 주장했던 사회적 혁신가들이기도 했다.

6
세계화된 과학,
아시아에서의 과학자의 정체성?

21세기 기업가형 과학자가 주도하는 혁신은 전 세계적 차원에서 과학기술의 새로운 시대를 열어가고 있다. 특히 아시아의 개발도상국들은 1990년대 말 금융위기를 겪으며, 보다 생산성 높은 하이테크 산업으로 전환해야 할 필요성을 절감했다. 이런 산업 시스템 전환의 일환으로 2000년대 들어와 생명공학 분야에서 창업과 혁신을 주도할 수 있는 기업가형 과학자들을 국가 차원에서 제도적으로 양성하려 노력했다. 특히 싱가포르는 1990년대 말부터 다양한 방식으로 첨단 고부가가치 산업인 생명공학의 육성을 통해 자본주의적 생산력을 증대하고자 노력했고, 그 일환으로 서구의 과학기술자들을 대거 초빙했다. 그런데 이들은 싱가포르에서 개인적 이득을 얻는 것, 즉 좋은 논문을 써서 좋은 직장으로 옮겨 돈을 더 많이 벌겠다는 이윤추구형 과학자의 모습을 보여 비판을 받기도 했다.

인류학자 아이화 옹(Aihwa Ong)은 싱가포르의 다양한 생명공학 프로젝트들을 분석하여 어떻게 새로운 '아시아적' 기업가형 과학자들이 등장하고 있는지 살펴보았다. 옹은 싱가포르에서 서구와는 다소 다른 모습으로 대안적인 기업가형 과학자들이 등장하고 있다고 주장한다. 특히 정부 자금이 투입된 생명공학 프로젝트에 참여한 과학자들은 사적 이윤보다 국가의 경제 개발과 공중보건의 향상에 더 큰 가치를 두는 '공적인 덕목(public virtue)'을 강조하고 싶어한다는 관찰이다(Ong 2016).

옹은 아시아에서 과학과 산업, 국가와의 관계는 미국의 그것과 굉장히 다른데, 그것은 바로 산업과 국가의 운명이 과학의 운명과 일치되는, 민족주의적이고 발전주의적인 과학에 대한 태도였다고 지적한다. 이에 싱가포르를 포함한 아시아의 생명공학 창업자들은 독특하게 공복(public servant)으로서 국가의 집합적인 이익(collective interest)을 위해 노력하는 과학자로서 자신의 정체성을 제시했다. 이들은 자신이 생명공학이란 학문을 연구하고 창업에 나선 것은, 사적 이익 추구만이 아니라 싱가포르가 부딪힌 식량 안보와 전염병 문제 등을 해결하기 위한 것이었다고 말한다. 이들은 국가의 전폭적인 지원을 받으며 국민을 위해 일한다는 싱가포르적 '기업가형 과학자'의 모습으로 그려졌다. 싱가포르 출신의 생명과학자들은 보다 공적인 덕목을 강조했고, 자신의 이득보다는 싱가포르의 경제성장과 과학기술 발전을 위한다는 자기 정체성을 갖고 있었던 것이다(Ong 2016).

　　　　이처럼 최근 21세기 아시아에서도 지식을 생산하는 자와 그들이 가지고 있는 특정한 도덕적 덕목들이 무엇인지에 대한 논의가 시작되고 있다. 특히 생명공학의 시대, 기업가형 과학자의 모습을 통해 과학의 상업화가 과학자 사회의 가치 인식과 정체성 구축에 어떻게 작동하고 있는지를 살펴보는 것도 흥미롭다. 싱가포르의 사례에서 보듯, 과학 상업화 시대의 과학자들은 정부 지원을 받아 연구하지만, 사적 이익도 크게 보면 사회 전체의 이득이 된다며 '공적인 덕목'을 재규정하고 이를 정당화한다. 유연한 기업가형 과학자들의 새로운 정체성이 등장하고 있는 것이다.

7

정의롭고 공정한 과학에 대한 열망

21세기 신자유주의가 과학을 포함한 사회 전반을 지배하는 듯한 시기, 과학의 역할은 무엇이고 과학자들은 어떻게 자신들의 정체성을 만들어나가고 있는가? 세계화된 혁신 체제에 따라 국가 간 위계와 부의 격차가 극심해진 세상에서 과학은 어떠한 역할을 수행했는가? 비판론자들은 21세기 다국적 제약 산업이 생명에 대한 제어와 소유를 기반으로 생명자본주의를 추구하고 있으며, 담배와 화학 산업은 위험과 규제에 대한 무지(ignorance)를 사회적으로 생산하고 있다고 본다. 또한 거대 정보통신 산업과 인공지능의 추종자들이 이윤 추구를 위해 프라이버시를 오용하고 있다며, 21세기 자본주의 시대 과학과 과학자의 역할을 새롭게 재정립해야 한다고 촉구한다. 이미 일군의 과학자들은 지식의 사유화 경향과 기업가적 과학자들을 비판하며, 유전자 데이터베이스의 공유와 과학지식의 오픈 액세스(open access)라는 대안적 과학 체계를 만들었다. 이를 통해 공공의 이익에 더 부합하는 과학과 과학자의 상을 만들어가고 있다(Reardon 2013).

한국에서도 2000년대 초반 대학과 학문의 상업화가 가속화되면서, 대학과 과학기술자의 정체성을 새롭게 구축하고자 하는 여러 시도가 있었다. 그 과정에서 많은 과학자들이 대학의 개혁을 말하며, 경제혁신의 새로운 엔진으로서 특히 생명공학의 중요성을 강조했다. 또한 이들도 자신의 학문적 커리어나 개인적 이익만큼이나 한국 경제의 성장과 같은 '공적 덕목'들을 강조했다. 그렇지만 황우석 연구부정 사태나 툴젠 특허권 논란과 같이 개인의 이득과 공공의 이익을 추구하는 데 있어 윤리적이고 도덕적인 문제를 낳기도 했다 (Yi 2022). 그런 의미에서 싱가포르와 비슷하게 정부의 전폭적 지원을 받아온 한국의 생명과학이나 공학계도, 공적인 이익을 위해 다양한 덕목들을 보여주는 유연한 기업가형 과학자들의 등장을 요구받는 상황이라고 할 수 있다. 예전처럼 생명과학자의 성공을 한국 대학의 체질개선과 선진화, 한국경제의 성공과 동일시하기에는 어렵게 됐다. 이제 대학에서 창업하는 기업가형 과학자들은 어떠한 도덕적 덕목을 통해 과학의 사유화를 정당화할 수 있는지에 대한 문제에 직면했다고 볼 수 있다.

이 짧은 글에서 역사적으로 변모해 온 과학자들의 상과 그들이 지닌 비전의 대립을 그렸다. 대한민국에서는 헌법상 과학기술이 경제발전의 엔진으로 간주[2]되고 있으며, 한국은 첨단산업의 주요 제조국이자 글로벌 밸류체인의 중요한 축이 됐다. 지금의 한국 사회에서 과학의 새로운 발견들을 더욱 공평하고 정의롭게 사용한다는 것은 무엇을 의미하는가? 이를 고민하는 과학자들이 그려내는 대안적 비전은 무엇인가?

우리는 탈북자의 의료데이터를 수집하고 이를 통해 새로운 돌봄을 꿈꾸는 의학자들, 미세먼지 문제 해결을 고민하는 보건환경학자들, 습지 보존에 헌신하는 생태학자들, 빅데이터가 제공하는 편익과 프라이버시의 위험에 대해 고민하는 의사들, 알고리즘의 중립성 문제를 논의하는 컴퓨터 과학자들, 그리고 로봇 개발을 통해 장애 문제를 새롭게 접근하려는 공학자들의 모습을 전망해 볼 수 있다. 자본주의의 그늘 아래에서 보다 나은 과학을 꿈꾸는 이들을 찾아내고, 우리 사회를 보다 공평하고 정의롭고 풍요롭게 만들어줄 과학의 비전을 제시하는 것, 그리고 이를 위해 노력하는 대안적 과학자 상을 창출하는 것이 필요한 시점이다.

함께 생각해 볼 문제

1

20세기 한국 사회에서 과학기술은, 특히 1960~70년대 경제개발계획
하에서 경제성장을 위한 하나의 수단이나 도구로 인식되어 왔다.
반면 과학기술의 발전에 수반되는 윤리적, 사회적 가치의 문제에
대해서는 상대적으로 그 논의가 빈약하다고 볼 수 있다. 역사적
사례들을 통해 과학기술자들이 실제 과학 활동의 윤리적, 사회적
가치의 문제를 어떻게 고민하면서 자신들의 정체성을 만들어 왔는지
논의해보자.

2

과학기술자는 중립적 전문가로서 윤리와 가치, 도덕의 문제를
어떻게 다루어야 하는가? 과학은 사실의 문제이고 윤리와 가치,
도덕의 문제는 당위의 문제이기 때문에 과학자들은 후자의 문제에
대해 논의할 수 없는가? 아니면 전문성에 바탕해 후자의 문제에 보다
적극적으로 개입해야 하는가? 핵무기 개발이나 생명공학의 연구
사례를 통해 논의해보자.

3

과학 활동의 의미와 가치는 어디에서 찾을 수 있는가? 그리고 과학자들의 사회적 책임은 무엇인가? 과학기술자는 진리의 발견에 매진해야 하는가? 아니면 보다 풍요롭고 정의로운 사회의 건설에 기여해야 하는가? 과학자들의 정체성과 그들이 지닌 덕목이 변화해온 역사 속에서 양쪽의 입장을 비교해보자.

1

본 장은 2021년 〈과학과 가치 연구회〉
워크숍에서 발표한 초고와, 2020년 기고한
글 「21세기 과학자의 새로운 모습을
전망하고 싶다」(〈에피〉 14. 161~167쪽)를
수정·보완했다.

2

대한민국 헌법 제127조 1항은 "국가는
과학기술의 혁신과 정보 및 인력의 개발을
통하여 국민경제의 발전에 노력하여야
한다"고 규정하고 있다.

Agar, Jon. 2008. "What Happened in the Sixties?" *The British Journal for the History of Science.* Vol.41. no.04. pp.567~600.

Foucault, M. 1977. "The Political Function of the Intellectual." *Radical Philosophy.* Vol.17. pp.12~14.

Hughes, Sally Smith. 2011. *Genentech: The Beginnings of Biotech.* Chicago: University of Chicago Press.

Ong, Aihwa. 2016. *Fungible Life: Experiment in the Asian City of Life.* Durham: Duke University Press.

Rabinow, Paul. 1996. *Making PCR: A Story of Biotechnology.* Chicago: University of Chicago Press.

Reardon, Jenny. 2013. "On the Emergence of Science and Justice." *Science, Technology, & Human Values.* Vol.38. no.2. pp.176~200.

Rieppel, Lukas, Eugenia Lean, and William Deringer. 2018. "Introduction: The Entangled Histories of Science and Capitalism." *Osiris.* Vol.33. no.1. pp.1~24.

Shapin, Steven. 1994. *A Social History of Truth: Civility and Science in Seventeenth-Century England.* Chicago: University of Chicago Press.

Shapin, Steven. 2008. *The Scientific Life: A Moral History of a Late Modern Vocation.* Chicago: University of Chicago Press.

Weber, Max. 1919/1946. "Science as a Vocation." *In From Max Weber: Essays in Sociology.* edited by H.H. Gerth and C. Wright Mills. New York: Oxford University Press.

Yi, Doogab. 2015. *The Recombinant University: Genetic Engineering and the Emergence of Stanford Biotechnology.* Chicago: University of Chicago Press.

Yi, Doogab. 2022. "Correcting Life through the Marketplace? Genome Editing and the Commercialization of Academic Research in South Korea." *East Asian Science, Technology and Society.* Vol.16. no.2. pp.181~205.

임
소
연

과학과
여성주의 가치 [1]

"페미니즘은 과연 과학을 바꾸었는가? 과학자는 자연이 보여주는 그대로를 보는 순진한 관찰자가 아니다. 과학 연구란 과학자가 매순간 내리는 선택에 기반하여 이뤄지는 일련의 행위다. 과학자의 성별뿐만 아니라 가치관이 이런 선택에 영향을 주는 요소라는 점을 인정한다면, 여성주의 가치는 분명 과학을 변화시킬 수 있는 자원이다."

임
소
연

동아대 기초교양대학 교수. 주요 연구 분야는 과학기술과 젠더, 테크놀로지와 몸, 신유물론
페미니즘, 현장연구 방법론 등이다. 한국 여성의 몸과 관련된 기술과 의학, 문화를 분석한
다수의 논문을 해외 학술지에 발표했다. 서울대 자연과학부를 졸업하고, 텍사스 공대에서
석사학위(박물관학)를, 서울대 과학사 및 과학철학 협동과정에서 박사학위(과학기술학)를
받았다. 저서에 『신비롭지 않은 여자들』, 『나는 어떻게 성형미인이 되었나』 『겸손한
목격자들』(공저) 등이 있고, 『바디 멀티플』(공역) 등을 우리말로 옮겼다.

1980년대
페미니스트 과학기술학의 탄생[2]

페미니스트 과학기술학의 출발점은 과학이 자연을 있는 그대로 반영하는 지식체계가 아니라는 사실을 이해하는 것이다. 과학은 특정 집단의 사회적 활동이며, 그들이 사용하는 과학의 방법이나 발견하는 사실들은 그 집단이 중시하는 가치와 이해관계의 영향을 받는다(Cancian 1992). 따라서 페미니스트 과학기술학자들은 과학적 표준의 객관성에 의문을 제기하면서, 백인, 중산층 이상, 남성으로 대표되는 엘리트주의적 계층 구조 아래 생성된 지식이 기존의 지배 구조와 엘리트 계층의 특권화된 지위를 더욱 강화시킨다고 비판해 왔다. 전문가나 권위있는 기관들은 그들이 만들어낸 추상적 이론과 복잡하고 수량적인 데이터들에 쉽게 접근할 수 있기 때문에, 그 과정에서 여성을 포함한 비엘리트 계층이 가진 개인적 경험과 지식은 폄하되기 쉽다.

　　　　페미니스트 과학기술학의 주요 논의는 여러 학자들에 의해서 잘 정리된 바 있다.[3] 특히 그 중에서도 가장 잘 알려져 있는 것이 이블린 팍스 켈러(Evelyn Fox Keller), 샌드라 하딩(Sandra Harding), 그리고 다나 해러웨이(Donna Haraway)가 주도한 1980년대 페미니스트 과학기술학의 성과일 것이다.[4] 페미니스트 과학기술학의 남성중심적인 가치에 물든 근대 과학을 비판하면서 젠더 없는 과학을 제시한 켈러에서 시작된다. 켈러는 젠더 이데올로기가 근대 과학의 탄생, 그리고 그것을 둘러싼 경제적·정치적 변동을 매개하는 데 핵심적이라고 주장했다. 즉, 근대 과학이 남성적 편견에 물든 것은 젠더의 영향이기 때문에, 켈러의 대안적 과학은 젠더 없는 과학인 것이다. 또한 젠더는 과학 실천을 오염시키는 가치편향적인 이데올로기이기 때문에 남성뿐 아니라 여성도 제대로 된 과학을 하기 위해서는 젠더로부터 벗어나야한다고 주장한다.

　　　　하딩은 과학 또한 사회 내에서 이루어지는 활동임을 지적하면서, 과학이 사회적인 것임을 인정하고 그에 대해 적극적으로 성찰할 때 비로소 강한 객관성을 확보할 수 있을 것이라고 주장했다. 하딩에 따르면, 근대 자연과학의 객관성이란 가치중립적 관찰과 실험이라는 과학 방법에 대한 강조이며 이는 문제 선택에 대한 성찰성을 소홀히 하는 결과를 낳았다. 따라서 문제 선택에 관한 성찰성을 확보할 때 비로소 강한 객관성을 갖출 수 있으며, 이는 과학 실천의 맥락에 대한 성찰을 촉구한다. 또한 하딩은 분석 범주로서의 젠더 이론을 구축할 것을 주장하면서 젠더가 개인적이며 구조적이고 상징적인 차원에서 작동한다고 보았다. 켈러가 젠더를 오염 변수로 본 것과 대조적이다.

해러웨이 역시 남성 중심의 과학이 주장하는 객관성 개념에 도전한다. 해러웨이는 무엇이 더 옳은 관점인지에 대한 논의에서 벗어나야 한다고 주장하면서, 상대주의의 함정에 빠지지 않는 부분적 시각으로서의 상황적 지식의 개념을 제시했다. 하딩이 지식의 생산자로서 서구 백인 남성이 갖는 특권을 비판하며 여성과 같이 주변화된 이들의 입장에서 만든 과학이 더 강한 객관성을 갖는다고 본 반면, 해러웨이는 어떤 입장도 인식론적으로 특권화될 수 없으며 모든 지식이 부분적인 지식임을 분명히 했다는 점에서 둘 사이의 차이점을 찾을 수 있다.

이처럼 페미니스트 과학기술학의 이전의 남성 중심적 과학을 비판하고, 페미니즘이 개입하면서 새로 만들어지는 과학을 정당화하는 이론과 개념을 발전시켜 왔다. 페미니스트 과학은 켈러와 하딩, 그리고 해러웨이가 만들고자 했던 새로운 과학, 대안적인 과학, 즉 여성주의 가치가 개입된 과학에게 부여된 이름이었다.

2
1990년대 말의 질문
"페미니즘은 과학을 바꾸었는가?"

그렇다면 이들이 제안한 페미니스트 과학은 얼마나 실현되었는가? 과학은 더 젠더중립적이 되었는가? 과학의 객관성은 더 강화됐는가? 과학은 상황적 지식을 생산해 왔는가? 페미니스트 과학기술학자 3명이 각자의 방식으로 페미니스트 과학을 제안한 지 십 수년 후, 또 다른 페미니스트 과학기술학자 론다 쉬빈저(Londa Schiebinger)는 다음과 같은 질문을 던졌다. "페미니즘은 과학을 바꾸었는가?"[5]

쉬빈저의 질문에 각 분야의 과학자들이 내놓은 대답은 긍정적이지만은 않았다. 우선 물리학자 에이미 버그(Amy Bug)는 초유동체를 더 차갑게 하는 것과 같은 물리학적 아이디어를 만드는 데에 있어서 페미니스트적 비판은 어떠한 역할도 하지 못했다고 말한다(Bug 2003). 버그에 따르면 물리학계의 명백한 성비불균형에도 불구하고 물리학과 페미니즘을 결합하는 연구는 그 시도조차 쉽지 않다. 그 이유는 이 둘을 결합하는 연구, 즉 물리학 연구의 남성적 편견과 관련한 연구가 물리학에서는 지나치게 급진적으로, 페미니즘에서는 지나치게 구식으로 여겨지기 때문이다(Bug 2003). 물리학은 사회와 고립되어 발전하는 초연한 지식, 극도로 객관적인 지식을 생산하는 분야로 알려져 왔다. 생물학에 비해서 물리학은 페미니즘에 면역성이라도 갖고 있는 것처럼 여겨져 왔는데, 이는 과학 내에서 생물학과 물리학이 갖는 위계의 차이를 보여주기도 한다(Whitten 1996).

물리학에 비하면 생물학은 여성주의 가치가 개입하기 용이할 것으로 여겨진다. 그러나 과학에 대한 페미니즘의 개입과 그를 통한 학계의 변화는 생물학이라고 해서 분명한 것은 아니다. 수동적인 난자 대 능동적인 정자라는 젠더 편견을 깨고, 수정 과정에서 난자의 적극적인 역할을 규명한 생물학의 변화는 페미니즘의 영향을 보여주는 대표적인 사례로 알려져 있다. 이는 생물학계에서 세포질의 역할과 모체가 자손에게 주는 영향 등이 새롭게 조명되면서 밝혀진 결과 중 하나이다(Keller 2004). 그러나 과연 이러한 과학의 변화가 페미니즘의 직접적인 영향인가? 켈러에 따르면, 페미니즘은 새로운 인식의 지평을 열어주어 간접적으로 과학에 영향을 줄 수는 있으나, 여성들이 스스로 과학을 하는 방법을 변화시키거나 과학 실천에서 페미니즘의 가치를 적용하는 것과 같이 직접적으로는 이루어지기 힘들다(Keller 2004). 대부분의 여성 과학자들은 페미니즘의 가치를 버리라는 압력을 받는 환경에 놓여 있었기에, 페미니즘을 각자의 실험실에 도입하는 것은 성공하기 힘들다. 따라서 생물학의 변화는 페미니즘이 가져온 사회적 인식의 변화가 학계 안팎에서 공유된 후에야 과학자들의 연구에 영향을 주게 된다.

심지어 페미니스트 과학으로 알려진 영장류학과 같은 분야에 대해서도 이견이 존재한다. 영장류학이 페미니스트 과학인가의 여부에 대해서, 페미니스트 '과학기술학자'와 페미니스트 '과학자'는 다른 평가를 내린다. 린다 마리 페디건(Linda Marie Fedigan)은 해러웨이의 책 『영장류의 시각(Primate Vision)』을 통해 영장류학이 페미니스트 과학이라는 인식이 강해졌지만 대부분의 영장류학자들은 이에 상당히 비판적이라고 말한다(Fedigan 1997). 이 책은 영장류학의 연구 주제와 관행에 대한 분석을 기반으로 한 것인데, 페미니스트 학자들은 영장류학을 페미니스트 과학으로까지 간주할 정도로 크게 환호했다. 그러나, 실제로 영장류학이 페미니스트적이거나, 페미니스트적 목표를 달성한다고 인정하는 영장류학자들은 없다는 것이다. 이는, 해러웨이의 해체주의적인 분석이 기존 학계의 권위에 도전하는 적대적 행위로 해석되기도 하며, 실제로 학문을 연구하고 경험하는 영장류학자로서는 이해할 수 없는 역사를 서술하고 있기 때문이다. 또한 영장류학자들은 해러웨이의 책이 통상적인 학술적 문법을 벗어난 서사의 형태로 쓰였다는 점과 상당한 수준의 포스트모니더즘적 내용과 페미니스트 용어들이 담겼다는 점에서 그들이 접근하기 힘들다고 평가했다.

3
페미니스트 과학,
지식에서 실천으로

페미니스트 과학기술학은 남성성으로 오염된 과학을 교정하는 여성주의적 방법론부터 주변화된 여성의 입장에서 생산되는 강한 객관성 그리고 상황적 지식의 연결로 구축되는 페미니스트 과학까지 과학기술학의 어떤 분야보다 더 활발하게 과학에 개입하려는 노력을 해 왔다. 그러나 이것들의 학문적 가치와는 별개로 페미니즘이 과학을 변화시켜왔다는 증거는 여전히 부족하다. 실천가능한 페미니스트 과학은 어떻게 개념화할 수 있는가? 여성주의 가치로 과학을 실제로 바꾸기 위해서 페미니스트 과학은 새롭게 정의되어야 한다.

우선 페미니스트 과학이 '여성화된 과학(feminized science)'과 동의어가 아니라는 점을 분명히 할 필요가 있다. 여성적인 방식의 과학 혹은 여성 과학자가 하는 과학이 페미니스트 과학일 수는 있으나, 모든 페미니스트 과학이 여성화된 과학이거나 여성 과학자의 과학은 아니다. 예를 들어, 과학의 방법이 관찰, 묘사, 가설 설정, 실험을 통한 가설 검증의 단계로 이루어졌다고 가정할 때 각 단계에서 여성과 남성이 관찰하고 묘사한 내용, 그리고 남녀가 설정하는 가설이 다르고 여성일 경우 택할 수 있는 질문들이 다를 것이다. 같은 보라색 잎을 가진 식물을 관찰하더라도, 여성들이 던지는 질문들 즉, '보라색 잎을 가진 식물이 거미에게 물려서 상처 난 부분의 충혈을 가라앉힐 수 있는가?', '잎을 끓여서 나온 물이 오한을 멈추는 효과가 있는가?' 등을 통해 얻은 지식은 여성화된 과학이라고 할 수 있다(Lederman 1993). 즉, 여성화된 과학은 사회적으로 생성된 여성성에 기반하여 남성과 다른 관점을 가지고 과학을 하는 것, 젠더 차이에 기반한 과학을 하는 것을 의미한다. 여성의 관점으로 과학을 하는 것만으로도 의미가 있기는 하지만 이때의 가치는 전통적인 젠더 이데올로기 안에서 용인되는 가치에 한정된다는 점에서 한계가 있다.

여성화된 과학을 배제하지 않으면서 그 한계를 넘는 페미니스트 과학은 어떻게 개념화될 수 있는가? 페미니스트 생물학자 뮤리엘 레더먼(Muriel Lederman)은, 관찰에서 실험을 통한 검증으로 이어지는 기존의 과학적 방법에 기반하지 않는 과학을 상상할 수는 없지만, 기존 과학의 가장자리에 있던 것들에 주목하여 새로운 지적 활동을 이끌어내고 이를 과학으로 가져옴으로써 과학의 전반적 성장을 도모해야한다고 말한다(Lederman 1993). 또한 페미니스트 영장류학자이자 인류학자인 페리건은 과학의 남성적 편향성을 단순히 여성적인 것으로 대체하거나 여성의 시각에서 바라보는 과학을하는 것이 아니라, 이러한 편향과 편견들을 인정하고 보다 다양한 맥락적 가치를 받아들이는 것이 페미니스트 과학이라고본다(Fedigan 1997).

그런데 앞서 살펴보았던 것처럼 페미니즘 자체가 과학에 직접적으로 개입하기 힘들며 과학을 변화시키는데에 한계가 있다면, 새로운 방법과 다양한 가치를 추구하는과학으로서의 페미니스트 과학이 실제로 어떻게 가능할 것인가? 스스로를 페미니스트라고 지칭하는 이들조차도 페미니스트 과학을 하는 것을 기피한다는 사실을 상기해 본다면 이질문에 답하기는 더 어려워진다(Cancian 1992).

과학의 젠더 불평등을 인지하고 있다고 해도실제 문제를 해결하고 바꾸는 '급진적' 방법의 페미니스트과학을 추구하는 이들은 많지 않다. 프란체스카 M. 칸시안(Francesca M. Cancian)은 이러한 이유를 크게 두 가지로 분석한다. 하나는, 페미니스트 과학의 방법이 기존 과학의 표준과 객관성을 깎아내린다는 인식이다. 과학 연구를 정치적 행동과 결합시키거나 숙련되지 않은 피험자에게 연구 과정에서 일정 부분 통제 권한을 주는 등의 방법이 그동안 '좋은' 연구라고 생각되었던 규범들과 충돌한다는 것이다. 또 다른 이유는 학계의 권력과 위신 때문인데, 페미니스트들은 너무 정치적이라는 이유로 배제되는 동료들의 사례를 보면서 자신들 또한 페미니스트 과학을 사용했을 때 학계로부터 받을 압박을 우려한다는 것이다. 특히 '급진적' 방법들은 불평등한 구조에 정면으로 도전하는 것이기 때문에 더욱 큰 반대를 불러올 수 있다. 페미니스트 과학이 자신의 연구 주제와 이론, 가치에 부합한다고 생각하는 이들조차도 주류의 과학 방법론을 사용하는 것이 커리어와 고용에 있어서 이득이 되는 현실에 부딪히곤 한다. 이렇게 페미니스트 과학의 방법론이 부재한 상황에서는 페미니스트들조차 주류의 방법론을 채택할 수밖에 없는 것이 현실이다.

　　　　그렇다면 페미니스트 과학으로 해석되는 과학은 어떻게 가능했던 것인가? 영장류학자 페디건은 영장류학이 환원주의나 이분법적 사고에서 탈피한 것은 페미니즘의 개입 때문이 아니라고 말한다. 지난 20년간 영장류학에서 인간 과학자와 영장류 사이의 위계가 완화된 것은 맞지만 이는 영장류학에 나타난 하나의 연구 흐름이었다. 연구 대상인 동물을 인지와 지각이 있는 사회적이며 지능적인 존재로 간주하게 되면서, 연구 주체와 대상을 구분하는 이분법적 사고에서 벗어나 영장류의 행위나 과학자의 관찰 결과에 대한 이유를 상세히 설명하는 흐름이 생겨났다는 것이다. 다시 말해, 이러한 변화는 과학 이론 전반이 성숙해지면서 이뤄진 과학의 내재적 과정이라는 주장이다. 또한 기존 과학 안에서의 대안적 관점이나 방법론이 페미니스트 과학의 그것과 유사점이 있다면, 과학을 바꾸는 것이 꼭 페미니즘이라고 단정 지을 수 없다고 말한다.

페미니스트 진화론자 패트리샤 고와티(Patricia Gowaty)는 여기서 한발 더 나아가 이러한 과학 내 변화의 특성을 고려하여 페미니스트 과학의 실천가능성을 높이는 방안을 제시한다. 고와티는 실질적으로 과학을 바꾸는 것은 비판담론으로서의 페미니즘이 아니라, 주류 가설과 일치하지 않는 데이터의 축적이라고 본다. 즉, 페미니즘이 과학을 변화시킬 수 있지만 그것은 페미니즘의 비판 그 자체로서가 아니라 과학적 가설로서 제시될 때 가능하다는 것이다(Gowaty 2003). 그러기 위해서 페미니즘이나 여성운동의 언어는 과학에서 사용가능한 가설로 번역되어야 한다. 그러한 연구를 위한 재정 지원을 지원받을 수 있어야 함은 물론이다. 즉, 페미니스트 과학은 그것이 페미니즘의 외적 개입이 아니라 과학 내의 변화로 보일 때에야 비로소 실천이 가능해지는 것이다.

종합해 보면 결국 페미니스트 과학에서 문제가 되는 것은 '페미니즘'과 '과학' 둘 다이다. 페미니즘 혹은 여성주의 가치는 여성적임 혹은 여성스러움과 동일하지 않다. 페미니즘은 시대와 공간, 맥락에 따라 다양하고 변화가능하기 때문에 선험적이고 보편적으로 규정되기 힘들다. 다양성과 변화가능성은 과학도 마찬가지이다. 다양한 페미니즘과 다양한 과학이 있음을 고려하면 페미니스트 과학을 하나의 내용이나 형식으로 규정하기 힘들 것임을 짐작할 수 있다(Longino 1987). 더 중요한 문제는 페미니즘의 '급진성'이다. 앞서 칸시안은 급진적인 방법론이 페미니스트 과학의 실천가능성을 떨어뜨리는 요인이라고 보았고, 바로 그러한 맥락에서 고와티는 페미니스트 과학이 급진적인 비판보다는 과학적 가설로 번역되어야 한다고 말한 바 있다. 쉬빈저에 따르면, 페미니스트적 통찰력은 과학 안에서 주류화되면 급진성을 잃고 '좋은 과학'이 된다(Schiebinger 2003). 페디건이 영장류학을 페미니스트 과학으로 보지 않는 이유는 어쩌면 페미니스트 과학이 이미 좋은 과학으로 받아들여졌기 때문일지도 모른다. 이런 이유로, 페미니스트 과학이 무엇인지 미리 정의내리기는 거의 불가능에 가까워 보인다.

그렇다면 페미니즘은 어떻게 과학을 바꿀 수 있는가? 페미니스트 과학을 "새로운 시각과 방법의 과학"이나 "새로운 지적 활동" 혹은 "과학의 편향과 편견들을 인정하고 보다 다양한 맥락적 가치를 받아들이는 것"이라고 추상적으로밖에 정의할 수 없다면, 페미니스트 과학을 어떻게 실천가능한 과학으로 개념화할 수 있는가?

이 글에서는 페미니스트 과학을 '페미니스트로서 과학하기'로 개념화할 것을 제안한다(Longino 1987). 페미니스트 과학기술학자 헬렌 론지노(Helen Longino)에 따르면, '과학하기'는 두 가지 차원의 실행을 포함한다. 하나는 실험실의 구조화, 다른 과학자와의 관계 맺기, 정치적 투쟁 등 사회적 실천의 차원이고, 다른 하나는 관찰과 실험, 과학적 추론 등 지적인 실천의 차원이다. 물론 실제 연구 수행의 과정에서는 이 두 차원이 뒤섞인다. 페미니스트로서 과학하기란, 이 두 차원 모두에서 과학자가 페미니스트로서 개입을 시도하는 것이다.

과학자는 자연이 보여주는 그대로를 보는 순진한 관찰자가 아니다. 과학 연구란, 고도로 훈련받은 과학자가 복잡한 측정 장치를 고안하고 반복적 실험이나 관찰을 통해 장치의 오류 및 잡음을 보정하며 데이터를 분석하고 가설을 검증하는 일련의 행위들로 이루어진다. 이러한 행위는 과학자가 매순간 내리는 선택에 기반하며 그러한 선택의 결과 과학 지식이 생산된다. 과학자의 성별뿐만 아니라 가치관 혹은 스타일[6] 등이 이 선택에 영향을 주는 요소라는 점을 인정한다면, 여성주의 가치는 분명 과학을 변화시킬 수 있는 자원이다. 즉 페미니스트로서 과학하기란 특정한 방식이나 특정한 가치 등의 형태로 미리 규정된 과학을 실천하는 것이 아니라 과학자가 각자 나름의 페미니즘에 근거하여 의식적인 선택을 함으로써 과학 실천의 변화를 추구하는 것에 가깝다.

예를 들어, 페미니스트이자 과학자인 드볼리나 로이(Deboleena Roy)는 페미니스트 과학의 핵심이 과학이 수행되는 모든 단계에서의 페미니즘이 개입할 수 있게 노력하는 것이라고 본다. 이 노력에는 방법의 변화뿐만 아니라 새로운 질문을 던지는 것도 포함된다(Roy, 2009). 과학 연구에서 따라야할 가설과 기준 패러다임을 바꾸는 것, 다시 말해 같은 대상으로 한 실험이더라도 어떠한 질문을 던지고 어떠한 방향으로 가설을 세울 것인지가 관건인 것이다. 로이의 페미니스트 과학 실천은 앞서 소개한 페미니스트 과학기술학자 하딩의 이론에 근거하는 것이기도 하다. 하딩 역시 문제설정에서의 성찰성을 강조하며 주변화된 입장이 특권화된 입장에서 보이지 않았던 세계를 보여준다고 보았다. 로이는 실제로 자신의 박사 논문 주제를 잡는 단계에서 페미니즘 관점에서 쓴 재생산 과학의 역사를 참조하였으며, 그 문제의식을 바탕으로 위계적인 생물학 이론을 비판하는 가설 하에 연구를 진행한 경험이 있다.

페미니스트 과학을 페미니스트로서 과학하기로 개념화함에 있어 유의점이 있다. 우선 과학적 객관성이 개별 과학자의 자질이 아니라 과학 탐구의 공동체적 구조에서 도출되는 기능이듯이 페미니스트로서 과학하기 역시 개별 과학자의 정체성의 문제이기보다는 과학자 공동체의 인식과 지향의 문제라는 점이다. 그렇기 때문에 페미니스트 과학이 가능하려면 과학의 사회적, 정치적 맥락에서도 변화가 필요하다(Longino 1987). 따라서 페미니스트 과학은 과학의 인식론적 차원에서뿐만 아니라 과학자 사회의 인적, 제도적 차원에서도 변화가 있어야 가능하다. 그와 함께 페미니스트 과학에 대한 열린 사고와 실험적인 자세가 필요하다. 앞서 지적했듯, 페미니즘과 과학 모두 다양하고 변화가능하기에 페미니스트 과학은 선험적으로 규정되거나 미리 예측하기 어렵다. 특히 페미니스트로서의 과학하기라는 개념에서 무엇이 '페미니스트'로서의 과학 실행인가라는 의문이 다시 제기될 수 있다. 페미니스트로서 과학하기는 페미니즘이 그 자체로 과학에 직접 개입하기 힘들다는 현실적 인식에서부터 나온 개념이다. 그것은 페미니즘이 특정한 방법론이나 원칙적 내용이 아니라, 과학자의 개별적이면서 집합적인 선택과 실행을 통해서 비로소 과학에 개입할 수 있음을 의미한다. 따라서 이때의 페미니즘은 고정되어 있거나 미리 정해져 있기보다는 사회적 합의와 실행의 효과로서 만들어지며 끊임없는 실패, 경합과 검증, 그리고 전략의 대상이 된다. 페미니즘이 창의적이고 혁신적인 과학의 자원으로 활용되기 위해서는 페미니즘과 과학의 공존과 결합에 대한 열린 태도와 함께 더 많은 실험과 다양한 전략이 모색되어야 할 것이다(Roy 2018).

4

페미니스트
과학 실천으로서의
젠더혁신[7]

젠더혁신은 쉬빈저의 주도로 2009년에 시작되어 이후 미국과 유럽에서 진행 중인 과학기술 혁신 프로젝트이다. 젠더혁신은 과학기술연구와 제품개발에 성(性) 및 젠더분석을 활용하여 편향성을 없애 연구의 수월성을 제고하고 제품개발과 치료기술의 적정성을 높여 생활의 질과 편의성을 끌어올리고자 하는 활동을 의미한다. 이를 위해 각 연구 분야에서 총 12가지 방법을 통해 성과 젠더를 분석할 것을 권고한다. 12가지 젠더혁신 연구방법에는 1) 연구 우선순위 및 결과 재검토, 2) 개념 및 이론 재검토, 3) 연구문제 개발, 4) 성·젠더 요소의 상호작용 분석, 5) 성 분석, 6) 젠더분석, 7) 성·젠더와 교차하는 요소 분석, 8) 공학 혁신 과정, 9) 보건 및 생명의학 연구 설계, 10) 참여적 연구 및 디자인, 11) 표준과 참조모델 재검토, 12) 사용 언어 및 시각적 표현 재검토 등이 포함된다. 일차적으로 젠더혁신은 성과 젠더를 고려한 새로운 과학기술 연구

방법론이라고 할 수 있다.

그러나 젠더혁신은 과학기술의 성 및 젠더 편향성을 교정하는 연구방법론에만 그치지 않는다. 쉬빈저는 정책가, 교육관리자, 과학자, 엔지니어들이 실천하는 과학기술 분야 성평등에 대한 접근법을 다음과 같이 세 가지로 분류한 바 있다(Schiebinger 2011).

첫째는 여성의 숫자 고치기(Fixing the numbers of women), 둘째는 연구제도 고치기(Fixing research institutions) 그리고 셋째는 지식 고치기(Fixing knowledge)이다. 즉 젠더혁신은 과학기술의 혁신과 여성 과학기술인의 숫자, 그리고 과학기술계의 제도적 변화가 연결되어 있다는 문제의식을 갖는다. 미국에서 시작된 젠더혁신은 유럽으로 건너가 2011년 과학교육과 연구개발에서 젠더분석에 대한 결의안을 채택하고, 2012년 연구혁신을 위한 프레임워크 프로그램인 '호라이즌 2020(Horizon 2020)'[8]에 성 및 젠더분석을 반영했다. 호라이즌 2020 '사회와 함께, 사회를 위한 과학(Science with and for Society)' 섹션에서는 연구와 혁신에 있어서 성평등을 제고할 것을 명시하고 있다. 연구팀 내에서 그리고 결정과정에서 성별 균형을 맞추는 것과 젠더를 연구혁신에 포함시켜 과학 지식의 질을 향상시키는 것을 목표로 하고 있다.

젠더혁신은 특히 과학의 제도를 개선하기 위한 대책을 마련해 왔다. 성 및 젠더분석이 과학연구 및 응용연구 전반에 도입되면서, 쉬빈저는 연구자와 연구기관에 관련된 몇 가지 추가적 단계들을 제시한다(Schiebinger 2011). 1) 연구자와 평가자에게 젠더 방법론을 훈련시키고, 2) 연구비 지원기관이 이러한 연구에 지원을 더해야하며, 3) 임용이나 승진위원회에서 젠더분석을 시행하는 연구자들을 더 잘 평가해야한다. 또한 4) 편집자가 이러한 연구들을 저널에 더 잘 실어줘야 하고, 5) 차세대 연구자에게 성 및 젠더분석 방법을 훈련시켜야한다. 이러한 분석 방법은 기초과학, 의학, 엔지니어링 커리큘럼으로서 교육되어야 하며, 교과서 또한 성 및 젠더분석의 결과와 방법을 포함시키도록 개정되어야 한다. 쉬빈저는 젠더혁신이, 새로운 관점을 제시하고 새로운 질문을 던지며 연구의 새로운 지평을 열어감으로써 창의성을 촉발할 수 있을 것이라고 말한다. 이를 위해 젠더 전문가, 자연과학자, 엔지니어 사이의 긴밀한 학제적 협력이 필수적이다. 뿐만 아니라, 2010년 유럽연합(EU)의 genSET 합의 보고서와 2011년 젠더·과학·기술에 관련된 미국의 결의안에서 권고되었듯이, 국제 협력이 필수적이라는 점도 인식하고 있다.

그렇다면 젠더혁신은 페미니스트 과학 실천 프로젝트인가? 젠더혁신 프로젝트의 구체적인 내용에서 페미니즘은 명시적으로 드러나지 않는다. 젠더혁신의 필요성은 페미니즘이 아니라 연구의 신뢰성과 수월성, 그리고 시장성으로 설명된다(백희영 외 2017). 예를 들어, 남성 기준의 심장 질환 진단과 여성 기준의 골다공증 약 개발 및 부작용 사례들을 통해, 젠더혁신을 기반으로 한 연구대상의 다양화 및 연구 신뢰성 제고가 필요함을 주장한다. 젠더혁신이 연구의 수월성을 높일 수 있는 이유 역시 매우 현실적이다. 『사이언스』, 『네이처』, 『란셋(Lancet)』과 같이 잘 알려진 국제학술지들은 연구 과정에서 성 및 젠더분석을 요구하고 있기 때문에, 우수 학술지 게재를 위해서라도 젠더혁신을 도입하는 것이 효과적이다. 끝으로 무엇보다 세분화된 소비자층을 공략하고 새로운 시장을 창출하기 위해서 젠더혁신을 도입하는 경우이다. 남성의 몸을 표준으로 하는 기술 관행에서 벗어나, 남녀 차이에 대한 빅데이터를 활용하여 제품을 만들고 나아가 젠더와 교차하는 다른 차이들까지 고려하면 포용성 높은 기술을 개발할 수 있다. 이렇게 보면 젠더혁신은 페미니스트 과학의 실천으로 받아들여지기보다, 앞서 페디건이 말한 바와 같이 과학의 전반적인 성숙과 다양성 지향에서 비롯된 하나의 흐름으로 수용되고 있는 추세임을 알 수 있다.

젠더혁신을 페미니스트 과학 프로젝트로 볼 수 있는 이유는 그것이 '과학하기' 즉 과학 지식을 생산하는 실천 전반에 대한 개입과 변화를 시도하고 있기 때문이다. 앞서 상술한 12가지 젠더혁신 연구방법은 연구 문제 설정에서부터 연구 설계, 결과 검토, 그리고 언어 표현까지 과학 연구의 전 과정에서 성 및 젠더분석을 도입한다. 또한 젠더혁신은 과학 지식에 대한 개입과 함께 결정권자들의 성비균형을 맞추거나 젠더분석 방법에 대한 교육 및 훈련, 연구비 지원 및 연구자 임용, 학회지 출판 등의 제도적인 변화까지 꾀하고 있다. 이러한 시도가 '페미니스트 혁신'이 아닌 젠더혁신으로 명명된 이유는 앞서 논의된 바 페미니스트 과학을 고정된 실체나 개념으로 규정하기 어려운 이유와 유사하다. 쉬빈저는 페미니즘이 다양할 뿐만 아니라 페미니스트 정체성이 없더라도 페미니스트 관점이나 실행이 좋은 과학적 실행이 된다면 누구든 페미니스트 과학을 할 수 있다고 본다(Conkey 2003; Gowaty 2003).[9] 요컨대 젠더혁신은 과학 지식의 생산과 관련된 대부분의 실행 과정에서 성과 젠더 관련한 편견을 제거하고 새로운 분석 방법을 도입하며 과학 제도 전반을 바꾸고자 한다는 점에서 페미니스트 과학 실천으로 볼 수 있다.

물론 페미니스트 과학 실천으로서의 젠더혁신에 문제점이나 한계가 없는 것은 아니다. 우선 현실적인 문제로는 젠더혁신의 연구방법론이 가진 추상성을 지적할 수 있다. 과학의 연구방법은 분야별로 상이하며 극도로 전문화되어 있기 때문에 각 분야의 과제에 대한 세부적 방법론은 다를 수밖에 없다. 그러나 현재 개발된 12가지의 성과 젠더를 고려한 체계적인 분석 방법은 지나치게 일반론적이다. 현실적으로 연구자들이 사용할 수 있는, 젠더혁신이 각 분야에 구체적으로 반영된 연구방법론이 마련되어야 할 필요가 있다.

젠더혁신은 '과학'으로서의 한계와 함께 '페미니즘' 차원에서의 문제도 있다. 성차를 도입한 의학 연구가 성차별을 정당화하게 될 위험이 있음은 진작부터 제기된 바 있다(Epstein 2007). 젠더혁신 역시 이 같은 우려에서 자유롭지 않다. 물론 젠더혁신은 원칙적으로 성과 젠더의 차이뿐만 아니라 성과 젠더 사이의 상호작용, 더 나아가 인종이나 국적, 신체적 능력, 성적 지향 등 다양한 차이의 교차성까지 고려할 것을 제안한다. 그러나 젠더혁신의 실제 사례들이나 공론화 과정에서 이런 다양성과 교차성 등이 충분히 고려되지 않고 성과 젠더의 이분법이 재생산되는 경향이 있다(정연보 2018). 페미니스트 과학 실천으로서 젠더혁신이 갖는 가능성과 한계는 추후 더 많은 이론적, 경험적 연구를 통해서 파악되고 공론화될 필요가 있다.

한국의 경우 국제적 흐름을 반영하여 2014년부터 젠더혁신정책을 도입해 왔다. 특히 한국의 젠더혁신은 〈여성과학기술인 육성 및 지원에 관한 기본계획(이하 〈기본 계획〉)의 일환으로 추진되어 왔다. 〈기본 계획〉은 2004년부터 시행된 과학기술 여성 정책으로, 매 4년마다 정책의 목표와 기조가 새로이 수립되어 4차 〈기본 계획(2019~2023)〉까지 진행되고 있다. 젠더혁신과 관련된 내용이 명시되기 시작한 것은 3차 〈기본 계획〉부터다. 2016년에는 한국여성과학기술단체총연합회 산하에 젠더혁신연구센터[10]가 개설되기도 했다. 3

차 〈기본 계획〉에서는 성 다양성 기반 확충 및 성인지적 R&D 분석 · 평가 도입이라는 항목을 추가하여 단계적으로, 일정규모 이상의 국가연구개발과제의 경우 연구계획서를 제출할 때 연구 설계에 대한 젠더분석의 의무화를 추진했다. 마찬가지로 4차 〈기본 계획〉에서도 과학기술분야의 젠더혁신 체계 구축을 중점과제로 명시하고 있다. 구체적으로는 젠더혁신 관련 연구 확대를 통해 우수성과 창출 환경조성 및 젠더혁신 인식확산을 위한 콘텐츠 개발 및 보급과 이와 관련된 법 · 제도 개선 등의 기반 확충을 목표로 하고 있다.

아직 한국 과학계에서 젠더혁신이 주류화됐다고 보기는 어려운 실정이다. 미국의 경우 2014년 발표한 정책에 따라, 2016년 1월부터 미 국립보건원에 연구비를 신청하는 모든 연구계획서는 척추동물 이상을 대상으로 연구를 수행할 때 성별을 생물학적 변수로 고려하여 암수를 모두 포함시키거나 그럴 필요성이 없는 경우에는 그 근거를 제시하도록 하고 있다. 그러나 한국의 경우 세포, 동물, 인간 등을 대상으로 하는 의생명과학 분야에서 성 및 젠더분석을 도입한 연구의 대략적 가이드라인을 제시하고는 있으나, 실제 연구제안서 심사에서는 명확한 평가 항목이 지정되지 않았다(젠더혁신연구센터 2018). 기본계획에 명시된 젠더혁신 관련 항목 역시 실천 방안이 구체적이지 않고 국가연구개발사업과 무관하게 제시되어 정책의 효과성과 확산 가능성이 미미한 현실이다

(백희영 외 2017).

한국의 과학기술 정책은 1990년대부터 꾸준히 과학연구에서 젠더분석을 장려해왔던 미국의 정책적 노력과 비교해 보면 부족한 점이 드러난다. 미국의 여성 과학기술인 정책의 경우 구조적 불의를 인정하고 시정하려는 적극적 조치로서의 성격이 강하다. 특히 1990년 미 국립보건원에 여성건강국(Office of Research on Women's Health)을 신설한 것은 여성건강운동이 제기한 성평등 의제가 보건의료 분야 내에서 제도화된 구체적인 사례로서, 페미니스트 과학기술학의 기여를 보여준다(정인경 2016). 한국에서도 연구개발 기획에 젠더분석 의무화 제도 도입이라는 내용을 일부 제시하고 있긴 하지만 본질적으로 여성이 과소대표 되는 원인이나 그 영향에 대한 논의는 없었다. 또 젠더 관점의 확산이나 성별 권력관계의 변형을 보장하고 있지 않다는 점에서 페미니스트 과학 실천으로서의 젠더혁신의 원래 취지를 충분히 반영한다고 보기는 어려운 실정이다(이효빈·김해도 2017).[11]

이러한 정책적 현실은 젠더혁신에 대한 낮은 인식과 연동된다. 한국의 대표적 연구비 지원기관인 한국연구재단 임직원을 대상으로 조사한 결과 65.2%는 3차 〈기본 계획〉에 젠더혁신 관련 내용이 포함됐다는 사실조차 모르는 것으로 나타났다(백희영 외 2017). 동물실험에서 암수를 함께 사용해야 한다는 취지에 공감하지 못하는 과학자들이 여전히 많은 것도 문제이다. 여성 과학자들 사이에서도 성 인지적 R&D 분석평가 도입이나 과학기술 활동의 성별특성인식 확산보다는 여성 리더 확충이 가장 우선순위로 꼽힌다(주혜진 2014). 그렇다 보니 한국의 경우 SCI 등재지에 출판된 논문 중 성별 및 젠더분석이 적용된 연구는 전체의 3.47%에 그치고 있다(김경희 외 2018).

5

다시,
페미니스트 과학기술학의 역할

최근 서구 학계에서 신유물론의 부상과 함께 페미니즘을 비롯한 인문사회학 내부에서도 과학기술과 더욱 생산적 관계 맺기를 추구하는 흐름이 생기고 있다. 그러나 앞서 소개했던 버그의 말대로, 페미니즘을 통해 과학을 바꾸려는 시도는 과학자들에게는 지나치게 급진적으로 여겨져 저항을 불러일으키고, 페미니스트들에게는 성과 젠더의 이분법을 전제로 하는 구시대적 시도로 받아들여지는 듯하다. 이러한 분위기 속에서 젠더혁신은 과학기술 분야의 정책과 제도 속에서 자리를 잡기 위해 애쓰고 있지만, 과학기술학과 페미니즘 혹은 페미니스트 과학기술학 어디에서도 충분히 논의되지 않고 있다. 페미니스트 과학과 젠더혁신에 대한 과학기술학과 페미니즘 관점의 연구가 필요하고 그러한 연구의 성과들이 더 많은 현장의 연구들에게 공유되고 논의되어야 할 필요가 있다.

그러기 위해서는 페미니스트 과학기술학의 역할이 매우 중요하다. 페미니스트 과학기술학은 페미니스트 과학의 발전, 즉 페미니즘이 과학에 개입하여 더욱 평등하고 혁신적이며, 창의적인 연구개발을 할 수 있도록 적극적 소통에 나서야 할 것이다. 하버드대에서 '젠더싸이 랩(GenderSci Lab)'을 이끄는 페미니스트 과학기술학자 사라 리차드슨(Sarah Richardson)은 과학에서의 젠더 편견을 드러내고 비판하는 것을 넘어 과학에 젠더분석을 도입할 것을 제안한다(Richardson 2013). 리차드슨이 제안하는 젠더분석은 페미니즘과 과학의 성찰적 관계맺기를 위한 실천으로 볼 수 있다. 페미니스트 과학기술학은 과학 지식에서 젠더 개념의 작동을 가시화하고, 그것을 과학 연구에 적용하도록 돕는 임무를 맡는다. 과학기술학이 페미니즘과 과학 사이에서 '번역가'의 역할을 할 수 있다고 보는 것이다.

현장에 있는 다양한 여성과학자들의 이야기를

기록하고 분석할 필요도 있다. 이 글에선 페미니스트 과학에 대한 기존 논의를 검토하고 이를 지식이 아닌 실천으로 개념화했다. 따라서 실제 현장의 연구자들이 생각하는 페미니스트 과학은 무엇이며 현재 진행하고 있는 연구와는 어떠한 부분에서 접점, 혹은 차이가 있는지에 대한 연구가 필요하다. 이 글에서 페미니스트 과학 실천으로 소개한 젠더혁신에 대해서도, 실제로 현장에선 어떻게 수행되고 있고 어떤 어려움을 겪고 있으며, 혹은 어떤 성과들을 내고 있는지에 대한 실증적인 연구가 나와야 할 것이다. 그러기 위해서는 경력단절을 극복하고 성공한 여성 과학자의 목소리만큼이나, 과학의 편견과 차별을 바꾸고 싶어 하는 페미니스트 과학자의 목소리에도 귀를 기울여야 한다. 앞으로 이러한 연구가 축적되어 페미니스트 과학의 이야기와 페미니스트로서 과학을 하는 이야기, 그리고 젠더편향과 편견이 교정된 과학, 객관성이 더 강한 과학, 혹은 더 좋은 과학의 이야기가 더 나은 세상으로까지 연결되기를 기대한다.

함께 생각해 볼 문제

1

과학에 여성주의 가치가 개입해야 하는 필요성과 정당성은 과학이
남성중심적 가치에 편향되어 전개된 역사에서 찾을 수 있다. 과학의
남성중심성을 보여주는 역사적 사례나 최근의 사건을 찾아보자.
개인적인 경험을 떠올려도 좋다. 어떤 점에서 남성중심적 편향이라고
생각하며 그 원인은 무엇이었는가?

2

본문에서 1980년대 등장한 대표적인 3인의 페미니스트 과학기술학자
이블린 팍스 켈러, 산드라 하딩, 도나 해러웨이의 핵심적인 논의를
소개한 바 있다. 이들 사이에 어떤 공통점과 차이점이 있는가? 누구의
개념이나 관점이 더 설득력이 있다고 생각하며 그 근거는 무엇인가?

3

젠더혁신과 젠더혁신연구센터의 공식 웹사이트를 방문하면 국내외
다양한 과학 분야 젠더혁신 연구개발 사례를 한눈에 볼 수 있다.
본문에서 정의한 페미니스트 과학 실천에 잘 부합하는 사례는
무엇이며 젠더혁신의 한계점이 드러나는 사례는 무엇인가?

주

1

이 글은 「페미니즘은 과학을 바꾸는가?
페미니스트 과학, 젠더혁신, 페미니스트
과학」(임소연 · 김도연. 2020.
『과학기술학연구』. 제20권 제3호.
169~193쪽)을 수정·보완했다. 이 논문의
초기 버전은 2020년 〈과학과 가치 연구회〉
워크숍에서 발표된 바 있다. 함께 쓴 논문이
이 책에 수록되는 것을 흔쾌히 허락해 준
김도연 님에게 감사드린다.

2

이 글에서 페미니즘은 여성주의의
대체어로 함께 사용된다. 특히 학문
분과를 가리키는 용어로 통상 '여성주의
과학기술학'보다는 '페미니스트
과학기술학'이 주로 사용되기 때문에
전반적으로 페미니즘, 페미니스트 과학,
페미니스트 과학기술학 등의 용어를
쓰고자 한다.

3

국내에서는 하정옥(2008), 황희선(2012),
조주현(2014), 정연보(2013) 등이 켈러,
하딩, 그리고 해러웨이의 페미니스트
과학기술학 논의를 주로 연구해 왔다.

4

이 절에서 소개한 켈러, 하딩,
해러웨이의 논의에 대한 더 상세한
내용은 Keller(1985), Harding(1986),
Haraway(1991)를 참조하라.

5

이 질문은 쉬빈저가 1999년에 출판했던
책의 제목(Has Feminism Changed
Science?)이기도 하다.

6

과학의 스타일이란, 특정 과학을 교육받고
연구하는 데에 투여되는 감정과 상상, 경험
등을 아우르는 말이다(Rolin 2008).

7

이 절의 젠더혁신과 관한 내용 중 별도로
인용되지 않은 내용들은 젠더혁신 공식
웹사이트를 참고했다.

8

더 상세한 정보는 다음의 공식 웹사이트를
참조하라. (https://ec.europa.eu/
programmes/horizon2020/en/h2020-
sections)

9

젠더혁신의 공식 웹사이트(http://gen
deredinnovations.stanford.edu/)에
젠더혁신과 관련된 용어 중의 하나로
"페미니즘들(feminisms)"을 제시하며
이 내용이 기재된 바 있으나 웹사이트가
업데이트된 후 2022년 8월 3일 현재 이
항목이 삭제되어 있다.

10

젠더혁신연구센터는 2021년 2월 재단법인
한국과학기술젠더혁신센터로 변경되었다.
센터의 연혁과 활동에 대한 자세한 정보는
공식 웹사이트에서 찾아볼 수 있다. (http://
gister.re.kr)

11

〈기본 계획〉이 여성인력의 양적 성장에만
주력한다는 점은 한국 과학기술 여성
정책의 고질적인 한계로 꾸준히 지적되어
왔다(주혜진 2014; 이은경 2012).

백희영·우수정·이혜숙. 2017. 「과학기술
연구개발에서의 젠더혁신 확산방안:
성별특성분석 토대의 젠더혁신 지원정책을
중심으로」. 『기술혁신학회지』. 제20권
제4호. 989~1014쪽.

이경희 외. 2018. 『성별영향평가제도의
실효성 제고와 협력체계 활성화
방안(Ⅳ): 국가연구개발사업 중심으로』.
한국여성정책연구원.

이은경. 2012. 「한국 여성과학기술인
지원정책의 성과와 한계」. 『젠더와 문화』.
제5권 제2호. 7~35쪽.

이효빈·김해도. 2017. 「과학기술의
젠더혁신 정책 방향 연구」.
『한국콘텐츠학회논문지』. 제17권 제10호.
241~249쪽.

정인경. 2016. 「과학기술 분야
젠더거버넌스: 미국과 한국의
여성과학기술인 정책」. 『젠더와 문화』.
제9권 제1호. 7~43쪽.

정연보. 2018. 「4차 산업혁명 담론에
대한 비판적 젠더분석: 젠더본질론과
기술결정론을 넘어」. 『페미니즘 연구』.
제18권 제2호. 3~45쪽.

정연보. 2012. 「상대주의를 넘어서는
'상황적 지식들'의 재구성을 위하여:
파편화된 부분성에서 연대의 부분성으로」.
『한국여성철학』. 제19권. 59~83쪽.

조주현. 2014. 「실천이론에서 본
해러웨이의 사이보그 페미니즘: 물적-
기호적 실천 개념을 중심으로」.
『사회사상과 문화』. 제30권. 1~38쪽.

주혜진. 2014. 「여성과학기술인 지원정책에
'여성'은 있는가: 참여토론과 AHP를 통한
정책 발굴의 의의」. 『페미니즘 연구』.
제14권 제2호. 153~303쪽.

하정옥. 2008. 「페미니스트 과학기술학의
과학과 젠더 개념: 켈러, 하딩, 해러웨이의
논의를 중심으로」. 『한국여성학』. 제24권
제1호. 51~82쪽.

황희숙. 2012. 「페미니스트 과학론의 의의-
하딩의 주장을 중심으로」. 『한국여성철학』.
제18권. 5~37쪽.

젠더혁신연구센터. 2018. 『성별과
젠더를 고려한 연구 가이드라인:
의·생명과학 분야』. 젠더혁신연구센터,
한국여성과학기술단체총연합회.

Bug, A. 2003. "Has feminism changed physics?" *Signs: Journal of Women in Culture and Society.* Vol.28. No.3. pp.881~899.

Cancian, F. M. 1992. "Feminist science: Methodologies that challenge inequality." *Gender & Society.* Vol.6, No.4. pp.623~642.

Conkey, M. 2003. "Has feminism changed archeology?" *Signs: Journal of Women in Culture and Society.* Vol.28. No.3. pp.867~880.

Epstein, Steven. 2007. "Sex Differences and the New Politics of Women's Health." *In Inclusion: The Politics of Difference in Medical Research.* Chicago: University of Chicago Press.

Fedigan, L. M. 1997. "Is Primatology a Feminist Science?" *Women in human evolution.* pp.56~75.

Gowaty, P. A. 2003. "Sexual natures: How feminism changed evolutionary biology." *Signs: Journal of Women in Culture and Society.* Vol.28. No.3. pp.901~921.

Haraway, D. J. 1989. *Primate visions: Gender, race, and nature in the world of modern science.* Psychology Press.

Haraway, D. J. 1991. *Simians, Cyborgs, and Women: The Reinvention of Nature.* New York: Routlege.

Harding, S. 1986. *The Science Question in Feminism.* Ithaca: Cornell University Press.

Harding, S. 1989. "How the Women's Movement Benefits Science: Two Views." *Womens Studies International Forum.* Vol.12. No.3. pp.271~283.

Keller, E. F. 2004. "What impact, if any, has feminism had on science?" *Journal of biosciences.* Vol.29. No.1. pp.7~13.

Keller, E. F. 1985. *Reflections on Gender and Science.* New Haven and London: Yale University Press.

Lederman, M. 1993. "Structuring Feminist Science." *Women's Studies International Forum.* Vol.16. No.6. pp.605~613.

Longino, H. E. 1987. "Can there be a feminist science?" *Hypatia*. Vol.2. No.3. pp.51~64.

Richardson, S. S. 2013. *Sex Itself: The Search for Male And Female in the Human Genome*. University of Chicago Press.

Rolin, K. 2008. "Gender and physics: feminist philosophy and science education." *Science & Education*. 17(10), 1111~1125.

Rossiter, M. W. 1997. "Which science? Which women?" *Osiris*. Vol.12. pp.169~185.

Roy, D. 2009. "Asking Different Questions: Feminist Practices for the Natural Sciences." *Hypatia*. Vol.23. No.4. pp.134~156.

Schiebinger, L. 2000. "Has feminism changed science?" *Signs: Journal of Women in Culture and Society*. Vol.25. No.4. pp.1171~1175.

Schiebinger, L. 2003. "Introduction: Feminism inside the sciences." *Signs: Journal of Women in Culture and Society*. Vol.28. No.3. pp.859~866.

Schiebinger, L. and Martina S. 2011. "Interdisciplinary approaches to achieving gendered innovations in science, medicine, and engineering." *Interdisciplinary Science Reviews*. Vol.36. No.2. pp.154~167.

Whitten, Barbara L. 1996. "What physics is fundamental physics? Feminist implications of physicists' debate over the superconducting supercollider." *NWSA Journal*. Vol.8. No.2. pp.1~16.

송위진

과학기술혁신 정책의 가치지향적 전환[1]

"사회적 임무지향 혁신정책은 부국강병이
아니라 사회적 도전과제 해결을 목표로 한다.
이 새로운 패러다임은 '많고 빠른 혁신'보다는
'혁신의 방향성'에 초점을 맞춘다. 지속가능한
발전 목표를 향한 '가치지향적 전환'. 당면한
사회문제를 해결하는 과정에서 지속가능한
산업이 형성된다."

송
위
진

한국리빙랩네트워크 정책위원장. 주요 연구 분야는 사회문제 해결형 혁신정책, 탈추격
혁신이다. 사회적 도전과제에 대응한 과학기술혁신의 과정과 특성, 과학기술계와
시민사회의 협업, 리빙랩 등에 관심을 가지고 있다. 서울대 해양학과를 졸업하고 동 대학원
과학사 및 과학철학 협동과정에서 석사학위를 받았다. 고려대 행정학과에서 박사학위를
취득했으며, 과학기술정책연구원(STEPI)의 선임연구위원으로 근무했다. 현재는
한국리빙랩네트워크에서 활동하고 있다. 『사회문제 해결을 위한 과학기술과 사회혁신』,
『사회기술시스템 전환: 이론과 실천』, 『현대 한국의 과학기술정책』등 다수의 연구서를
펴냈다.

1
'사회적 임무지향 혁신정책'의
등장과 과제

과학기술혁신정책의 패러다임이 바뀌고 있다. 산업 발전과 경제 성장을 최우선 목표로 삼아 온 정책 프레임이 변화하고 있는 것이다.

그동안 과학기술혁신을 지원하는 다양한 정책이 전개됐지만, 우리사회의 불평등은 더욱 심화되고 기후변화 문제는 심각한 단계에 도달했다(Schot and Steinmueller 2018; Diercks et al. 2019). 이런 성찰 속에서 우리사회의 도전과제 해결을 최우선 목표로 설정하는 정책이 부상하고 있다.

새로운 패러다임은 '많고 빠른 혁신'보다는 '혁신의 방향성'에 초점을 맞춘다. 새로운 패러다임의 주창자들은 과학기술혁신 활동의 출발점을 사회적 도전과제 해결과 지속가능한 발전 목표(Sustainable Development Goals: SDGs)에서 찾으며, 혁신정책의 '가치지향적 전환(normative turn)'을 주장한다. 그동안 과학기술 관련 의사결정 과정에서 배제되어 왔던 시민사회를 혁신의 주체로 호명하며, 새로운 참여형 거버넌스를 강조한다(Schot and Steinmueller 2018; Mazzucato 2019).

새로운 패러다임은 사회적 도전과제 해결을 중심에 두고 하부 정책들을 재구성하는 접근법으로 공공연구개발정책·산업혁신정책·지역혁신정책을 재해석한다(송위진·성지은 2021). 특히, 사회문제를 해결하는 과정에서 새로운 연구영역이 형성되고 사회친화적이고 지속가능한 산업이 창출된다는 점을 강조한다(Mazzucato 2018; 2019; Uyarra et al. 2019; 송위진 엮음 2017). 이러한 관점에서 본다면 과학기술혁신정책은 사회적 도전과제를 해결하며, 그 과정에서 과학기술연구를 활성화하고 산업 발전의 새로운 동력을 이끌어내는 통합적 정책이라고 할 수 있다.

이 새로운 관점을 제시하는 논의들에는 1) 전환적 혁신정책, 2) 신(新) 임무지향적 혁신정책, 3) 사회에 책임지는 연구와 혁신이 있다.[2]

첫째, 전환적 혁신정책(transformative innovation policy)은 거시적 수준에서 지속가능한 시스템으로의 전환을 이끌어내기 위한 장기 전략을 다루고 있다(Schot and Steinmueller 2018; Diercks et al. 2019). 우리사회가 직면한 구조적 문제가 사회·기술 시스템의 전환을 통해서만 해결될 수 있다는 주장이다. 둘째, 새로운 임무지향적 혁신정책(new mission-oriented innovation policy)은 보다 구체적으로 연구개발 프로그램 수준에서 기후위기, 감염병, 치매 문제 등을 논의한다(Muazzucato 2019; 2018; OECD 2019). 셋째, 사회에 책임지는 연구와 혁신(responsible research and innovation)은 연구개발 프로젝트 수준의 논의로, 연구·혁신 활동을 수행하기 위한 원칙과 방법들을 다룬다(박희제·성지은 2018).

각 논의들은 다루는 정책의 수준과 시각에 차이가 있지만 사회적 도전과제 해결을 강조하고 있다는 점에서 공통점을 지니고 있다.[3]

이 글에서는 연구개발 프로그램 수준에서 사회적 임무를 달성하기 위해 다양한 활동을 조직화하고 문제해결 활동을 수행하는 '사회적 임무지향 혁신정책'을 중심으로 새로운 혁신정책 패러다임의 특성과 의의, 한계와 과제를 논의한다. 이 사회적 임무지향 혁신정책은 연구개발 프로그램의 추진 체제와 과정에 초점을 맞추기 때문에, 정책을 기획하고 집행하는 수준의 논의를 다룰 수 있다. 따라서 현실 정책에의 적용 가능성이 높고, 그 구체성으로 인해 기존 정책의 변화를 이끌어낼 수 있는 잠재력도 크다. 때문에 과학기술혁신정책의 실무적 논의를 이끌어가는 유럽연합(EU)이나 경제협력개발기구(OECD)와 같은 국제기구에서 많은 관심의 대상이 되고 있다(Mazzucato 2018; 2019, OECD 2019).

사회적 임무지향 혁신정책은 완성된 정책이 아니라 현실과 상호작용하면서 진화하고 있는 논의다. 기존의 관점과 경합하면서 새로운 틀을 제시하고 있기 때문에, 자신의 문제의식과 정체성을 보다 더 명확히 하고 그것을 뒷받침하는 구체적인 내용을 발전시켜야 한다. 이 글에서는 사회적 임무지향 혁신정책의 핵심 요소를 살펴보고, 이 논의가 강건한 정책으로 발전하기 위해 필요한 이론적·실천적 과제들을 검토하고자 한다.

2
사회적 임무지향 혁신정책이란
무엇인가

사회적 임무지향 혁신정책은 EU의 제9차 프레임워크 프로그램(2021~2027)인 '호라이즌 유럽(Horizon Europe)'의 기본틀로 작동하면서(Mazzucato 2019; 2018), EU에서 진행되는 공공연구개발사업 기획·시행·평가의 핵심적인 운영원리로서 연구개발 활동을 규율하고 있다. 과학기술혁신정책을 체계화하고 국제적 표준을 제시하는 OECD도 사회적 임무지향 혁신정책을 논의하고 있다. 영국의 임무지향적 산업혁신정책, 네덜란드의 톱섹터 프로젝트(Top sector project), 일본의 소사이어티 5.0정책과 문샷 프로젝트(Moonshot project), 한국의 미세플라스틱 대응 정책에서도 사회적 임무지향 혁신정책이 진행되고 있다. 사회적 임무지향 혁신정책은 담론 수준의 논의를 넘어 현실의 정책으로 구현되고 있는 것이다.

　　사회적 임무지향 혁신정책의 목표는 우리사회가 직면한 도전과제에 대응하는 것이다. 유엔이 제시한 지속가능한 발전 목표(SDGs)를 토대로 플라스틱 없는 바다, 탄소 중립적인 도시, 치매 유병 비율 감소 등과 같은 사회적 임무가 주어진다. 유엔의 SDGs는 전 세계 국가가 참여해서 합의한, 인류 사회 발전의 공동 목표로서 정당성을 인정받고 있다.

사회적 임무지향 혁신정책의 특성은 새로운 혁신주체인 시민사회의 역할, 정부의 동태적 능력과 정책 추진 체제 확보, 새로운 산업영역 창출의 측면이다(Mazzucato 2019).

1 시민사회의 참여

임무지향 혁신정책에는 전사(前史)가 있다. 독일과 일본, 한국이 외국을 추격하기 위해 국가 수준의 산업발전 목표를 정해 자원을 배분해온 것이 임무지향적 혁신정책의 출발점이라고 할 수 있다(1세대). 이후 아폴로 계획과 같이 특정 목표를 위한 대규모 과학기술투자 사업이 전개되었는데, 이것도 전형적인 임무지향적 연구개발사업이다(2세대).

그러나 현재 논의되고 있는 사회적 임무지향 혁신정책(3세대)은 다른 접근을 하고 있다. 우선 부국강병이 아니라 사회적 도전과제 해결이라는 임무를 설정한다(Kattel and Mazzucato 2018). 그리고 임무와 목표, 과제를 구성하는 정책

과정도 국가나 전문가 조직 중심의 하향식으로 전개되지 않는다. 상향식 접근과 하향식 접근을 동시에 하면서 기술의 공급·수요·사용을 통합적으로 고려한다. 그리고 사회문제를 현장에서 직접 겪는 시민들이 과학기술관련 의사결정 과정에 파트너로서 참여한다(Mazzucato 2018; 2019).

시민참여에 대한 강조는 새로운 임무지향적 혁신정책의 핵심적 요소다.[4] 하지만, 그 때문에 과거 테크노크라트 중심, 산업발전 중심의 임무지향적 정책에 비해 매우 복잡한 과정을 거쳐야 한다. 전문가와 관료, 기업뿐만 아니라 시민, 이해당사자들이 정책결정 과정에 참여해야 하는데, 이들 모두를 엮어내고 조율하는 것은 쉬운 일이 아니기 때문이다. 더 나아가 연구개발 수행 및 평가과정에서도 시민참여의 공간을 필요로 한다. 이렇게 혁신과정 전체에 시민과 이해당사자가 파트너로 참가하게 된다.

이는 정책결정 과정이 수직적으로 집행되는 전달형 방식(delivery model)이 아니라 다양한 주체들이 네트워크를 형성하고 정책을 구성해가는 방식(relational model)으로 전개되어야 함을 주장하는 것이다(Muir and Parker 2015). 정부는 선택과 집중을 통해 자원을 배분하는 과거의 하향식 행정집행 방식에서 벗어나야 한다. 정부의 역할은, 문제를 정의하고 해결하기 위해 이해당사자들을 조직하고, 관련 생태계를 형성하는 플랫폼을 구축하고 운영하는 데 초점을 맞추어야 한다. '전달형 정부'에서 '관계형성형 정부'로 변신해야 한다는 것이다.

2   동태적 문제해결 능력을 갖춘 정부

사회적 임무지향 혁신정책은 다양한 산업, 기술, 사회혁신 활동에 통합적으로 접근한다. 과학기술 분야 간의 통합뿐만 아니라 과학기술 분야와 사회 분야를 연계·조정하는 활동도 필요로 한다. 때문에 사회적 임무지향 혁신정책에서는 정책조정과 통합을 중요시한다. 커뮤니티 케어·도시재생사업과 ICT·과학기술사업을 연계·조정하는 활동들이 사례가 될 수 있다.

이때 필요한 활동은 여러 주체가 모인 위원회에서 정책을 조정·연계하는 형식적 작업을 넘어선다. 계속 변화하는 문제, 새롭게 등장하는 문제에 대응하고 그 해결책을 진화시켜 나가는 과정을 필요로 한다. 이는 기업들이 혁신 활동을 수행하면서 시장과 상호작용을 통해 제품과 서비스를 진화시켜가는 활동과 유사하다. 물론 기업의 문제해결 활동은 시장영역에 그치지만, 정부는 공공과 시장영역을 포괄하여 문제해결에 나서야 한다. 이런 활동을 수행하기 위해서는 정부도 기업 이상의 '동태적 능력'을 갖춰야 한다.[5] 이 능력이 있어야 변화하는 상황에 대응하여 정책과 사업을 진화시켜 나갈 수 있다(Mazzucato 2019; Kattel and Mazzucato 2018). 사회적 도전과제를 해결하기 위해 필요한 정부의 동태적 능력은 기업의 능력보다 요구되는 범위와 폭이 넓다. 경제적 불확실성만이 아니라 사회적·정치적 불확실성에도 대응하면서 정책을 진행해야 하기 때문이다.

따라서 사회적 임무지향 혁신정책에서는 동태적 능력을 구현하는 정책 추진방식이 중요한데, 그 중 하나는 '정책실험'이다. 불확실성이 높은 상태에서 해당 정책이 효과가 있는지 가설 수준에서 실험하고 그 결과를 정책과정에 반영하는 것이다. 이는 전통적 관리·통제론에 입각한 정책과정에서는 수용될 수 없는 것이었다.

정책실험과 함께 일정한 비전을 갖고서 문제를 정의하고 대안을 찾는 전문조직도 중요하다. 미국의 DARPA (Defense Advanced Research Projects Agency), 영국의 정부 디지털서비스와 같이 효과적으로 운영되고 있는 사회적 임무지향 혁신조직을 참고할 수 있다(Kattel and Mazzucato 2018). 이들 조직은 정부부처로부터 독립된 활동을 하며 수평적인 구조를 가지고 있으며, 무엇보다 유연성이 뛰어나다. 일반적인 공무원 충원과 다른 채용시스템을 구축하고 있으며, 관리 책임자의 임기를 보장해준다. 외부 조직과의 계약관계도 유연하다.

프로그램 디자인도 상향식으로 이루어지며, 조직에 권한이 위임되어 있다(Mazzucato 2019).

3   사회적 도전과제 대응과
         혁신적 산업 발전의 연계

사회적 임무지향 혁신정책론은 사회적 도전과제 대응과 신산업 형성을 연결하는 논의다. 정부는 사회적 도전과제 해결과정에서 선도적 투자와 시장형성 활동(market creation)을 통해 혁신 산업의 발전을 촉진할 수 있다고 본다.

　　　　　여기서 정부는 시장실패나 시스템 실패를 보완하는 수동적 주체가 아니라 선도적 투자를 통해 탄소중심의 도시, 치료중심의 보건의료 시스템을 전환하는 혁신가(entrepreneur)로 그려진다. 정부는 녹색기술개발, 예방의학과 돌봄, 에너지 전환 산업과 도시, 커뮤니티 케어시스템 구축 등에 대한 선도적 투자를 통해, 민간 기업들의 위험부담을 낮춰주고 사회적 도전과제 해결을 위한 혁신에 참여하도록 해야한다는 것이다. 또 이렇게 정부의 선도적 투자를 통해 공공부문과 기업이 리스크를 공유하기 때문에 혁신이 성공했을 때 발생하는 보상(reward)도 공유해야 한다.

3

새로운 정책 패러다임,
세 가지 과제

사회적 임무지향 혁신정책은 EU의 핵심정책으로 자리 잡으면서, 세계 각국으로 확산되고 있다(OECD 2019). 그러나 사회적 임무지향 혁신정책이 새로운 정책 패러다임으로서 강건한 이론으로 발전하기 위해서는 보완이 필요하다. 앞서 살펴본 세 가지 요소를 중심으로 사회적 임무지향 혁신정책이 갖는 한계점을 검토하고 이론적·실천적 과제들을 짚어본다.

사회적 임무지향 정책에서 시민사회는 혁신의 주체로 호명된다. 그러나 실제 정책 수행 과정에서 시민참여는 절차적 정당성을 확보하기 위한 제도로 파악되는 경향이 있다. 시민참여가 제도적으로 전제만 된다면 일정한 조건을 만족하는 것으로 받아들여질 뿐이다.

시민참여의 구체적인 과정에 대한 깊은 논의는 이뤄지지 않는다. 즉 시민참여는 당연한 것으로 파악되고 있지만 그 자체가 형식화되어, 시민사회의 이해를 대표한다는 누군가가 위원회에 참여하는 정도로 이해되는 경우가 많다. 공동으로 의제를 설정하고 대안을 같이 만들어가는 실질적 시민참여를 이끌어내기 위해서는 이를 넘어서야 한다. 사회적 도전과제 해결과정에서 시민사회가 어떤 역할을 해야 하고 어떤 방식으로 정책과정과 혁신 활동에 참여해야 하는지에 대한 구체적인 검토가 필요하다.

특히 한국이나 일본과 같이 발전국가의 경험과 조직 루틴·문화를 지니고 있는 국가들의 경우, 사회적 임무지향 혁신정책은 앞서 말한 1세대 임무지향적 혁신정책의 형태로 수용될 가능성이 높다. 이럴 경우, 시민참여는 형식화를 넘어 형해화된다. 정부주도 산업발전 전략의 경로의존성 때문에, 지속가능한 발전 목표는 정책 프로그램과 괴리되고 시민 참여는 구색 맞추기 정도로 형식화되기 쉽다. 경직적 관리·통제론에 입각한 전략기획(strategic planning)을 통해 정책이 기획·집행될 위험성이 있다는 것이다.

전문가와 테크노크라트, 기술 중심주의의 틀을 넘어서 새로운 임무지향적 혁신정책이 의도했던 프로그램을 구현하기 위해서 핵심적인 것은 사회문제 현장의 시민참여다. 파트너로서 참여한 시민사회가 전문가와 협업해서 문제 해결에 필요한 지식을 창출하는 데 이르기까지 그 과정과 방식에 대한 구체적 논의가 보완되어야 한다. 현장의 맥락을 이해하고 있는 시민이 문제를 정의하고, 대안을 개발하는 과정에 참여할 수 있도록 다양한 참여 방식에 대한 검토가 필요한 것이다(Diercks et al. 2019).

과학기술혁신 과정에서 시민참여는 두 가지 차원에서 분류할 수 있다.

우선 참여 영역과 관련된 것이다. 시민들은 과학기술 활동의 방향에 영향을 미치는 과학기술혁신정책 과정에 참여할 수 있다. 그리고 현장의 경험과 지식을 바탕으로 전문조직들이 수행하는 과학기술혁신 활동에도 참여가 가능하다. 더 나아가 공동으로 창조한 과학기술혁신 성과물의 소유·관리·배분과정에도 참여할 수 있다. 뒤로 갈수록 참여의 정도가 깊어진다.

또 다른 차원은 형식적 참여와 실질적 참여이다. 형식적 참여는 이해당사자로서 의사결정 과정에 참여하여 의견을 개진하는 활동이다. 이는 과학기술혁신 활동의 정당성과 투명성 확보를 위해 필요하다. 실질적 참여는 의사결정 과정에서 공동으로 의제 및 대안을 형성하고 발전시키는 활동이다. 실질적 참여가 이루어질 때 실질적인 협업이 이루어질 수 있다.

2010년대에 활성화된 '리빙랩'이나 '사회혁신' 활동은 형식적 참여를 넘어 실질적 참여의 양상을 보인다. 그리고 이렇게 시민이 공동창조(co-creation) 과정에 함께하게 되면 창출된 자원의 소유·관리·배분·활용에도 참여할 수 있다. 뒤에서 살펴볼 혁신 커먼즈에 대한 논의는 이와 관련 있다.

이런 측면에서 리빙랩에 대한 논의는 주목할 필요가 있다(성지은·정서화·한규영 2018). 현재 한국을 비롯하여 여러 나라에서 확산되고 있는 리빙랩은 시민들이 사는 공간에서 공공-민간-시민사회가 협력해서 문제를 정의하고 대안을 공동창조하는 조직이다. 여기서는 정책개발부터 사업평가까지 다양한 활동이 이루어진다. 시민은 이해당사자, 공동개발자, 공동실험자, 채택자, 소비자로서 리빙랩에 참여한다. 합의회의, 시민배심원제, 참여적 기술영향평가 등 다양한 시민참여 방식이 있지만, 리빙랩에서는 연구자와 시민들이 반복적인 상호작용을 수행하면서 제품·서비스를 진화시켜 나간다.

다른 형식적 시민참여 방식과 비교해 볼 때 참여의 밀도가 더 높다.

　　　사회혁신에 대한 논의도 사회적 임무지향 혁신 정책과 결합될 필요가 있다. 사회혁신은 시민사회조직과 비영리조직, 이들이 비즈니스 영역으로 진출한 사회적 경제 조직, 소셜 벤처가 수행하는 사회문제 해결형 혁신 활동이다. 이런 활동을 통해 참여 조직은 복잡한 사회문제를 해결할 수 있는 능력을 확보하게 된다. 이 능력은 시민들이 정책결정 과정과 정책집행·평가 과정에서 연구자들과 공동 대안을 구현하는데 핵심적인 자산이 된다(송위진 외 2018: 제3부). 또 사회혁신과 관계를 맺고 있는 영리기업들은 지속가능한 신산업을 형성하고 산업전환을 이끌어가는 선도그룹이 되는 경우가 많다. 따라서 시장형성과 산업전환 촉진 전략에서도 사회혁신은 의미 있는 활동이 된다.

정부의 동태적 능력 확보 :
'혁신 플랫폼'의 형성과 운영

사회적 임무지향 혁신정책은 문제해결을 위해 다양한 기술·활동·산업을 연계·통합하는 작업을 수행한다. 따라서 사회적 임무지향 정책은 문제해결을 중심으로 다양한 기술과 산업 활동을 수평적으로 연결하는 활동과 함께, 사회문제 구체화부터 연구개발, 서비스 구현까지를 수직적으로 연결하는 활동도 필요로 한다. 이런 연계·조정 활동은 정책결정부터 구체적인 프로젝트 수행 수준까지 다양한 층위에서 이루어진다. 정부의 동태적 능력은 이런 활동을 효과적으로 구성하고 관리하는 능력이라고 할 수 있다.

현재의 정책과정에서도 국가과학기술자문회의와 같은 조정기구를 통해 연계·조정을 위한 활동이 진행되고 있다. 그러나 주로 기술과 산업분야 사이의 연계·조정인 경우가 많으며, 정작 혁신의 활용영역인 사회분야와의 연계와 통합은 충분하지 않다.

그러나 사회적 임무지향 혁신정책은 정부와 공공부문만이 아니라 현장의 기업, 비영리조직, 사회혁신 조직까지 참여시켜야 한다. 공공부문과 민간부문, 과학기술, 산업, 사회의 수평적·수직적 연계·조정 활동을 위해서는 정부 부처들 간의 네트워크를 넘어 관련 이해당사자들이 포괄적으로 참여하는 거버넌스인 '혁신 플랫폼(innovation platform)'이 필요하다.

'혁신 플랫폼'은 다양한 주체가 참여하여 문제 해결 대안을 집합적으로 모색하는 참여형 거버넌스다. 다양한 배경과 이해를 가진 주체들이 모여 문제를 진단하고, 대안을 찾으며 목표를 달성하기 위한 방안을 모색한다. 혁신 플랫폼을 통해 숙의가 이루어지면, 이해관계가 다른 혁신주체들(정부, 연구기관, 기업, 시민사회, 지자체 등)이 서로 이해도를 높여가며 공동의 비전과 신뢰를 형성할 수 있다. 그리고 이 과정을 통해 혁신을 제약하는 요인을 발견하고 개별 주체만으로는 해결할 수 없는 대안을 탐색하게 된다.

사회적 도전과제 해결을 위한 혁신 플랫폼은 다양한 산업·기술·주체의 활동을 융합해 새로운 실험을 수행하는 기회를 제공한다. 유사한 산업·기술이 군집되는 클러스터와 같이 특정 분야에 특화된 경우에는 이루어질 수 없었던, 새로운 관점과 대안들이 혁신 플랫폼에서는 실험될 수 있다. 동종교배적 성격의 기존 클러스터에서는 현재의 궤적을 개선하는 관성적 실험이 진행되지만, 혁신 플랫폼에서는 여러 분야가 융합되어 새로운 실험이 이루어진다.

새로운 산업혁신궤적 구성 :

지속가능한 산업형성과 지식 커먼즈

사회적 도전과제에 대응하기 위해서는 그동안 다른 분야에서 활동하던 주체들과 그들의 혁신 활동이 연계되어야 한다. 탄소저감을 위해서는 에너지 생산 분야뿐만 아니라 실제로 에너지를 소비하는 건물·교통·생산 분야에서의 혁신 활동이 통합되어야 한다. 이러한 협업 활동은 새로운 산업혁신궤적을 창출하는 기회를 낳는다. 일반적 상황에서는 서로 협업할 이유가 없었던 분야와 산업들이 문제해결을 위해 연계·조직화되기 때문이다. 사회적 도전과제에 공동으로 대응하면서 새로운 산업혁신궤적을 형성하는(path-creating) 융합형 산업을 발전시킬 수 있다.

　　　　사회적 임무지향 혁신정책에서 이런 측면들을 강조하고는 있지만, 그 과정에 대한 구체적인 논의는 아직 이루어지지 않고 있다. 최근 등장한 '분야융합형 정책(cross-specialization policy)'에 대한 분석은 이를 보완하는 논의가 될 수 있다. 이는 그동안 서로 관련이 없던 산업 분야(A산업과 B산업)를 문제해결 과정에서 연계해 새로운 혁신궤적과 '융합형 산업(cross-over industry: C산업)'을 형성하는 정책이다(Janssen and Frenken 2019).

환경변화에 대응하여 산업이 변화할 때 보통 기존의 관련 분야로 다각화가 이루어진다. 위험성이 낮고 그동안 축적된 자원을 활용할 수 있기 때문이다. 그러나 많은 경우 이런 다각화는 관련 분야를 중심으로 이미 형성되어 있는 사회·기술 시스템의 개선에 초점을 맞추게 된다. 새로운 영역의 탐색보다는 기존의 지식과 자원의 활용을 중시하기 때문에, 당면한 사회·기술 시스템의 문제를 더욱 심화시킬 수 있다. 반면 축적된 지식과 기반이 없는 새로운 산업으로 진입하는 것은 경험과 능력의 부족으로 혁신실패가 나타날 가능성이 높다.

분야융합형 정책은 이런 점을 지적하면서 국가가 이미 보유하고 있지만 그동안 연계되지 않았던 산업 분야들 사이의 융합과 혁신자원의 재조합 혁신(recombinant innovation)을 요구한다. 이것이 사회적 도전과제에 대응하는 융합형 산업 형성에 적합한 대안이라는 주장이다.

사회적 도전과제는 여러 요소들이 복잡하게 얽혀있기 때문에 해결이 쉽지 않다. 개별 주체의 혁신 활동만으로는 문제를 해결할 수 없으며 혁신 플랫폼에서 다양한 주체들의 집합적 활동이 있어야 한다. 혁신 플랫폼에는 사회문제 해결에 필요한 지식과 정보가 모이게 되는데, 이것들은 다른 지역이나 영역의 문제해결에 도움을 줄 수 있다. 이로 인해 사회적 임무지향 혁신정책을 통해 창출된 지식과 정보, 성과는 관련 혁신 주체들에게 공유(共有)되는 자원으로서 '지식 커먼즈(knowledge commons)'의 속성을 갖는 경우가 많다.[6]

　　지속가능한 전환과 사회문제 해결을 위한 혁신 활동에는 기존의 지식재산권 체제와는 다른 '커먼즈 기반 혁신체제(commons-based innovation regime)'가 필요하다는 주장도 제기되고 있다(Coriat 2015). 또한 디지털 기술에 입각한 데이터·정보·지식의 교류와 공유가 활성화되면서 문제해결 과정에서 공동으로 창출된 것(commons-based peer to peer production: CBPP)들을 디지털 커먼즈로서 접근해야 한다는 논의도 있다(Benkler 2006; Bauwens and Niaros 2017). 이미 오픈소스 소프트웨어, 위키피디아, 오픈 디자인 등에서 이런 접근법을 볼 수 있다. 후발국에 창궐하는 말라리아나 수면병과 같은 '무시된 질병(neglected disease)'에 대응하기 위해 국제적 차원에서 지식 커먼즈에 기반한 신약개발을 이야기하기도 한다.

　　사회적 도전과제 해결을 위해서는 효과적인 대안을 찾는 것만 아니라 새로운 대안이 빨리, 넓게 확산되는 것이 중요하다. 또 지식과 정보에 대한 접근성이 확대되면 축적된 지식기반을 바탕으로 좀 더 나은 대안이 개발될 수 있다. 오픈소스, 오픈 사이언스와 같은 접근이 필요하며 이를 통해 문제해결 활동이 촉진될 수 있다.

　　따라서 사회적 임무지향 혁신정책론에서는 커먼즈 기반 지식재산권 체제에 대한 논의가 필요하다. 사회적 도전과제 해결과정에서 지식 커먼즈가 갖는 의미와 효과에 대한 검토와 함께, 지식 커먼즈 체제에서 영리기업들의 혁신 활동을 이끌어낼 수 있는 지식재산권 제도에 대한 논의도 다루어져야 한다.

지식 커먼즈에 대해서는 새로운 지식 패러다임 차원에서 접근하는 관점과, 특별한 시간과 공간에 존재하는 활동으로 보는 관점이 존재한다. 디지털 커먼즈를 주장하는 그룹은 기술의 확산으로 공동 생산된 커먼즈 기반체제가 (제도 개혁이 이루어지면) 계속 확장될 것이라고 주장한다(Benkler 2006; Bauwens and Niaros 2017). 반면 부정적인 그룹은 지식 커먼즈는 산업 형성 초기 단계에선 그 산업을 만들어가는 주체들 사이에 공유되지만, 산업과 지식이 발전하게 되면 다시 사유화될 것이라고 전망한다(Potts 2018). 지식 커먼즈가 보편적으로 확산될 것인지, 아니면 특정 분야나 특정 단계에만 존재할 것인지에 대해서는 좀 더 깊이 있는 논의가 필요하다.

그렇지만 어떤 관점을 취하든 혁신 활동 초기에는 지식 커먼즈적 접근이 유효하다는 점에는 일치하고 있다. 지속가능한 혁신을 추진하는 과정에서 문제해결을 촉진하고 혁신 활동의 불확실성을 낮추기 위해서는 관련 지식과 자원을 공동으로 활용하는 것이 필요하다. 지속가능성을 지향하는 새로운 산업군이 형성되는 과정에서, 기존 산업과 각축하면서 새로운 산업을 이끄는 혁신 주체들 사이에는 관련 자산을 공유하는 혁신공동체적 접근이 요청되기 때문이다.

4

공동창조, 혁신공동체, 지속가능한 전환을 향하여

사회적 임무지향 혁신정책을 포함해 새롭게 등장하고 있는 과학기술혁신정책 패러다임의 주장은 다음과 같이 정리될 수 있다.

과학기술혁신정책은 사회적 도전과제 대응과 지속가능한 시스템 전환을 목표로 한다. 사회적 도전과제 해결이라는 임무를 달성하기 위해서는 기술개발 주체들과 사회문제 현장에 있는 주체들의 협업이 필수적이다. 기술·산업 정책 부처와 사회정책부처의 협업, 과학기술 전문가와 인문사회과학 전문가, 전문가·관료와 시민사회 조직의 공동창조(co-creation) 활동이 필요한 것이다. 이를 위해서는 과학기술혁신과 관련된 민·산·학·연·관 이해당사자들이 의사결정 과정에 참여할 수 있어야 하고, 특정 주체가 주도하는 전략기획이 아니라 지속가능한 전환이라는 비전에 기반하여 끊임없는 실험·학습을 통해 대안을 진화시켜야 한다. 이를 통해 지속가능한 전환을 지향하는 혁신공동체가 형성되고 투자가 이루어지면서 새로운 시장과 산업이 만들어지고 지속가능한 전환이 공고해진다.

한편 이런 특성을 갖는 사회적 임무지향 혁신정책이 제도화되어 혁신주체들의 행동을 변화시키는 데에는 상당한 시간과 노력이 필요할 것으로 보인다. 기존 정책 프레임의 경로의존성이 영향을 미쳐 새로운 정책 시스템의 작동을 막고 있기 때문이다. 이런 상황을 넘어서기 위해서는 지속가능성과 시민참여를 지향하는 연구자와 혁신주체들의 집합적 노력이 필요하다.

또 우리사회의 지속가능한 전환을 위해 새로운 과학기술혁신 경로를 개척해나가는 과학기술자들과 과학기술학자의 적극적인 참여가 요청된다. 기후위기, 양극화로 대표되는 우리 사회·기술시스템의 위기가 예사롭지 않기 때문이다.

함께 생각해 볼 문제

1

2010년대에 들어와 과학기술혁신정책 패러다임이 변화하고 있는 배경에 대해 생각해보자. 그리고 이런 정책 변화를 과학기술자, 시민, 정부, 기업은 어떻게 생각하고 있을지 논의해보자. 여러분들이라면 이런 패러다임 변화를 어떻게 평가할 것인가?

2

사회적 임무지향 혁신정책은 아폴로 프로젝트와 같은 기존의 임무지향 혁신정책과 정책 목표와 추진 방식이 다르다. 사회적 임무 달성을 목표로 시민참여 방식으로 정책과정이 진행되기 때문이다. 사회적 임무지향 혁신정책에서의 사회적 임무에 대한 논의를 살펴보고 정책 및 과학기술혁신 활동에 시민들이 참여하는 방식에 대해 조사해보자.

3

사회적 임무지향 혁신정책은 사회적 도전과제에 대응하는 동시에 지속가능성을 지향하는 산업혁신 활동을 촉진한다는 점을 강조한다. 사회적 도전과제 해결과 산업발전은 양립할 수 있는 것인가? 양립하게 된다면 그것이 어떤 방식으로 이루어지는지 논의해보자.

1

이 글은 송위진(2020)의 내용을
수정·보완한 것이다.

2

이외에도 개방형 혁신 2.0(Open
Innovation 2.0), 민·산·학연·관으로
구성된 4중 나선(quadruple helix),
리빙랩(living lab) 등이 새로운 관점을
제시하는 프로그램으로 최근 주목받고
있다.

3

이들 정책은 광의의 '전환적 혁신정책'으로
분류될 수 있다. 각 논의들이 기후변화나
양극화에 대응하기 위해 현재 시스템의
혁신과 전환을 주장하기 때문이다.
이들은 개별적이고 파편적인 문제해결
활동으로는 사회적 도전과제가 해결되지
않는다는 점을 공유하고 있다. 협의의
전환적 혁신정책과 사회에 책임지는
연구·혁신론이 주로 학계에서 논의된다면
사회적 임무지향 혁신정책론은 정책연구
커뮤니티에서 많이 다루어지고 있다.
전환적 혁신정책을 정초하고 확산하는
그룹으로는 TIPC(Transformative
Innovation Policy Consortium), 사회적
임무지향 혁신정책론을 이끌어가는
그룹으로는 마주카토가 이끄는
IIPP(Institute for Innovation and Public
Purpose)가 있다. 이들은 시스템 전환에
대한 관점을 공유하고 있는데 TIPC는
전환적 혁신정책의 관점과 전환과정에
대한 이론적 연구에, IIPP는 연구개발
프로그램 수준의 논의와 산업혁신정책을
재구성하는 연구에 초점을 맞추고 있다.
사회에 책임지는 연구와 혁신(RRI)의
동향에 대해서는 *Journal of Responsible
Innovation*을 참조할 것. 이들 정책들은
출발점과 주도 그룹이 달랐지만
상호학습하면서 시스템 전환을 지향하는
정책패러다임으로 수렴되고 있다.

4

사람들의 삶에 심대한 영향을 미치는 기존의 과학기술 활동은 소수 계층, 남성, 전문가와 같은 특정 집단의 시각을 과잉 반영하고 있다고 비판하면서 시민사회의 참여를 통해 다양한 관점이 정책과정에 도입되어야 한다는 주장이 부상하고 있다. 다음과 같은 통계가 이들의 주장을 뒷받침한다. 과학자의 15%만이 노동계급 출신이며, 소득 분포 상위 1% 가계 출신이 소득 분포 하위 50% 이하 가계 출신보다 10배 이상 특허를 등록하는 경향이 있다는 것이다. 더 나아가 과학기술 활동과 결합된 미래에 대한 전망도 특정 집단이 주도하는 이미지에 기반하고 있다는 점을 지적하면서, 비판론자들은 다양한 시민들이 참여하는 참여적 미래(Participatory Futures) 전망의 필요성을 주장하고 있다(Ramos et al. 2019).

5

Teece(1997)가 제시한 동태적 능력은 혁신연구의 핵심 개념이다. 불확실한 환경에서는 현재 보유하고 있는 자원과 능력(일반적 능력, ordinary capability)보다는 변화하는 맥락에 맞추어 그것을 재조직화하고 진화시키는 능력인 동태적 능력(dynamic capability)이 중요하다. 즉 계속 변화하고 있는 불확실한 환경에서는 자원과 능력을 변화시킬 수 있는 메타 능력이 중요하다는 것이다. 물론 이 동태적 능력은 일정한 방향성을 가지고 있다.

6

커먼즈로 표현되는 공동체에 기반한 공동소유(共有)는 시장에서의 사적 소유(私有), 국가에 의한 공공적 소유(公有)와 구분되는 소유방식이다. 공동소유인 커먼즈는 1) 물질적·비물질적 자원, 2) 이 자원을 공유하는 사용자, 관리자, 생산자, 공급자로 구성된 공동체, 3) 공유자산의 보존과 재생산을 통해 만들어지는 사용가치, 4) 주체들의 자원 접근 및 활용을 규율하는 규칙, 참여방식을 내포한다.

박희제·성지은. 2018. 「사회에 책임지는 연구혁신(RRI) 연구의 배경과 동향」. 『과학기술학연구』. 제18권 제3호. 101~152쪽.

성지은·정서화·한규영. 2018. 「사회문제 해결형 기술개발사업에서의 리빙랩 적용 사례 분석」. 『과학기술학연구』. 제18권 제1호. 177~217쪽.

송위진 엮음. 2017. 『사회·기술시스템 전환 : 이론과 실천』. 한울아카데미.

송위진. 2020. 「사회적 도전과제에 대응하는 '임무지향적 혁신정책'의 특성과 과제」. 『한국리빙랩네트워크 KNoLL Working Paper 2020-01』.

송위진·성지은. 2013. 『사회문제 해결을 위한 과학기술혁신정책』. 한울아카데미.

송위진·성지은. 2019. 「임무지향적 혁신정책의 관점에서 본 사회문제 해결형 연구개발정책: '제2차 과학기술기반 사회문제 해결 종합계획' 사례 분석」. 『기술혁신연구』. 제27권 제4호. 85~110쪽.

송위진·성지은·김종선·강민정·박희제. 2018. 『사회문제 해결을 위한 과학기술과 사회혁신』. 한울아카데미.

송위진 · 성지은. 2021. 『전환적 혁신정책과 혁신정책의 재구성』. 과학기술정책연구원.

Benkler, Y. 2006. *The Wealth of Networks: How Social Production Transforms Markets and Freedom*. New Haven: Yale University Press.

Bouwens, M. and Niaros, V. 2017. *Value in the Commons Economy: Developments in Open and Contributory Value Accounting*. P2P Foundation.

Coriat, B. 2015. "From Exclusive IPR Innovation Regimes to 'Commons-based' Innovation Regimes: Issues and Perspectives, The Role of the State in the 21 century." ENAP Proceedings.

Diercks, G., Larsen, H. and Steward, F. 2019. "Transformative Innovation Policy: Addressing Variety in an Emerging Policy Paradigm." *Research Policy*. Vol.48. No.4. pp.880~894.

Geels, F. 2004. "From Sectoral Systems of Innovation to Socio-technical Systems Insights about Dynamics and Change from Sociology and Institutional theory." *Research Policy*. Vol.33. pp.897~920.

Janssen, M. and Frenken, K. 2019. "Cross-specialization Policy: Rationales and Options for Linking Unrelated Industries." *Cambridge Journal of Regions, Economy and Society*. Vol.12. pp.195~212.

Kattel, R. and Mazzucato, M. 2018. "Mission-oriented Innovation Policy and Dynamic Capabilities in the Public Sector." *Industrial and Corporate Change*. Vol.27. No.5. pp.787~801.

Mazzucato, M. 2019. *Governing Missions in the European Union*. European Commission.

Mazzucato, M. 2018. *Mission-oriented Research and Innovation in the European Union*. European Commission.

Muir, R. and Parker, I. 2014. *Many to Many: How the Relational State will transform Public Service*. Institute for Public Policy Research.

OECD. 2019. *New Mission-oriented Policy Initiative as Systemic Polices to address Societal Challenges: Analytical Framework and Typology of Initiatives*. OECD.

Potts, J. 2018. "Governing the Innovation Commons." *Journal of Institutional Economics*. Vol.14. No.6. pp.1025~1047.

Ramos, J., Sweeney, J., Peach, K. and Smith, L. 2019. *Our Futures: By the People, For the People*. NESTA.

Schot, J. and E. Steinmueller. 2018. "Three Frames for Innovation Policy: R&D, Systems of Innovation and Transformative Change." *Research Policy*. Vol.47. pp.1554~1567.

Teece, D., Pisano, G. and Amy, S. 1997. "Dynamic Capabilities and Strategic Management." *Strategic Management Journal*. Vol.18. No.7. pp.509~533.

Uyarra, E., Ribeiro, B., and Dale-
Clough, L. 2019. "Exploring the
Normative Turn in Regional Innovation
Policy: Responsibility and the Quest
for Public Value." *European Planning
Studies*. Vol.27. No.12. pp.2359~2375.

홍성욱

동양의 과학은 서양의 과학과 다른 가치를 가지는가?

에필로그

"코스모테크닉스에 대한 논의만으로도 우린
적지 않은 큰 걸음을 내디딘 것이다. 한 바퀴
먼 길을 돌아서 다시 처음으로 온 것 같지만,
지금 우리가 서 있는 지점은 출발점과 같지 않다.
우리는 땅 위에서 동그라미를 그린 것이 아니라,
나선형 계단을 타고 위로 올라갔다. 그래서
지금의 위치는 출발점보다 더 위에 있고, 우리가
출발한 지점을 내려다 볼 수 있다."

1
과학과 가치 :
두 가지 질문, 같은 답 다른 의미

'과학과 가치의 관계'에 대해서 얘기할 때, 사람들은 같은 질문을 던지는 것도 아니고, 비슷한 대답을 하는 경우라도 그 이유는 판이할 수 있다. 이 복잡한 지형에 대한 대략적인 그림을 그리지 않고서는 소통의 어려움에 직면할 수 있다.

과학과 가치의 관계에 대해서는 두 가지 다른 질문을 던질 수 있다.

첫 번째는 "과학은 가치를 담고 있는가?"라는 질문이다. 이에 대해서는 아니다(No), 혹은 그렇다(Yes)라는 두 가지 답이 있을 수 있다. 아니(No)라고 하는 사람은 과학의 가치중립성(value-neutrality of science)을 고수하는 사람들이다. 반면에 과학이 가치중립적이지 않다는 것을 아는 사람은 그렇다(Yes)라는 답에 더 끌리는데, 이 답은 다시 두 가지로 나뉜다. 과학은 인식적(epistemic) 가치를 가진다는 답과, 과학이 사회적(social) 가치를 가진다는 답이다. 물론, 인식적 가치와 사회적 가치의 관계나 연속성에 대해서는 다양한 의견들이 존재할 수 있다.

두 번째 질문은 "과학으로부터 좋은 가치가 나올 수 있는가?"이다. 이에 대해 똑같이 아니(No)라고 답하는 사람들도 두 가지 관점에서 봐야 한다. 첫 번째는 사실과 당위를 엄격하게 구별하는 관점이다. 이런 관점에서는 사실로부터 당위가 나올 수 없고, 따라서 사실을 다루는 과학에서 당위와 맞닿아 있는 가치가 유도될 수 없다. 두 번째로, 근대과학이 아닌 새로운 과학, 예컨대 탈근대 과학(post-modern science)을 만들어야 한다고 보는 사람들도 이런 관점을 취할 수 있다. 이런 입장을 가진 사람들은 주체와 객체를 엄격히 분리하는 서양의 근대 과학으로부터는 좋은 가치를 얻기 힘들다고 본다.

이 두 번째 질문에 그렇다(Yes)고 생각하는 사람 중에서도 입장이 나뉜다. 첫 번째 입장은 근대 과학의 정신이 봉건적 세계관보다 우세하기 때문에 '과학적 인생관(人生觀)'을 세워야 한다고 하는 사람들이다. 1920~30년대 중국에서 '과학과 인생관 논쟁'이라는 격렬한 지식 논쟁이 있었는데, 여기에서 후스(胡適), 딩원지앙(丁文江)이 이런 입장이었다. 이들은 가치를 포함한 인생의 거의 모든 문제를 과학으로 해결할 수 있다고 믿었다(천두슈 2016). 이런 입장이 극단적으로 발전하면, 인간의 삶을 대상으로 하는 철학·윤리학·사회과학이 모두 자연과학으로 설명될 수 있다는 환원주의적 과학주의의 함정에 빠질 수도 있다(윌슨 2005). 두 번째 입장은 근대 과학이 아니라 20세기 이후에 발달한 현대 과학으로부터 의미 있는 가치를 끌어내야 한다는 것이다. 근대 과학으로부터 유도된 가치는 이미 그 유효기간이 끝났음에 반해, 양자물리학·사이버네틱스·카오스이론·복잡계 이론 같은 현대 과학으로부터는 우리 삶에 도움이 되는 가치를 발견할 수 있다는 입장이다. 이런 주장을 하는 사람들에 의하면, 이런 가치는 놀랍게도 동양사상과 연결된다(카프라 1979).

2
서양 과학 대 동양 과학

책의 마지막에 놓인 이 글의 목표는 서양 과학과 동양 과학, 그리고 서양의 가치와 동양의 가치를 비교하려는 것인데, 이를 위해선 우선 '과학'이 무엇인가를 살펴볼 필요가 있다. 토머스 쿤(Thomas Kuhn)이 패러다임 개념을 주창한 이래, 과학기술학(STS)에서는 과학의 단일성(unity)에 대해서 회의적 태도를 보이는 사람들이 많다. 물리학이 양자혁명의 소용돌이 속에서 허우적거릴 때 화학은 조용히 양자역학을 수용했는데, 이는 두 과학의 패러다임이 달랐기 때문이다. 20세기 고에너지 물리학의 역사를 연구한 피터 갤리슨(Peter Galison)은 심지어 입자물리학 같은 하나의 과학 내에서도 이론, 실험, 기구의 다른 전통이 있고, 이것들이 서로 다른 방식으로 발전했다고 본다(Galison 1997).

서양의 과학이 이렇게 달랐듯이, 동양의 과학도 하나가 아니었다. 동양에서도 세상의 원리를 다루는 추상적인 자연철학에서부터 산술·역학(曆學)·풍수·연단술(煉丹術)·의술에 이르기까지 다양한 분과가 있었다. 그렇지만 전반적으로 봤을 때 서양 과학과 비교해 동양의 과학에는 어떤 종류의 통일성이 더 강하게 존재했다. 서양의 자연철학은 세상을 마치 기계와 비슷한 것으로 보고, 각각의 부품에 관해서 연구하는 학문 분야를 상정했다. 이런 세계관에서는 부품에 대해 잘 알면 전체를 이해할 수 있었다. 반면에 동양에서는 세상을 기계가 아닌 유기적 총체로 보았다. 유기적 총체는 부품으로 나눌 때 그 총체성이 사라졌고, 따라서 전체를 유기적으로 이해해야 했다.

과학기술학의 시각에서 고려할 또 다른 지점은 과학을 다룰 때 과학만이 아니라 과학-기술의 복합체인 테크노사이언스(technoscience)를 다뤄야 한다는 것이다. 과학과 그것의 기술적 인프라를 함께 생각해야 한다(라투르 2016). 서양 과학의 경우, 적어도 17세기 이후에는, 과학(자연철학)이 기술의 발전을 낳고 기술이 과학의 발전을 인도하면서, 이 둘의 발전이 새로운 산업을 태동하는 삼중 나선(triple helix)의 과정이 역동적으로 존재했었다. 반면에 동양의 경우에는 자연철학과 기술 사이의 거리가 좁혀지지 않은 채로 서양 과학기술이 물밀듯이 몰려 들어왔다.

서양과학의 쓰나미 같은 유입 이후에 동양 과학의 자연철학(도道, 이기理氣, 오행五行 등)·천문·역법·산·풍수·연단술·의술 같은 분과 중에서 아직도 남아 있는 과학은 의술이다. 동양의 의술은 한의학이나 동의학의 이름으로 한국·중국·대만·일본에서 광범위하게 실행되고 있으며, 심지어 서양에서도 틈새시장을 만들어 의료의 적지 않은 부분을 차지하고 있다. 왜 동양의 다른 과학들은 사라졌는데, 의술만이 살아남았는가? 이 질문에 대해서 한의학은 이론의존적이라기보다 경험의 체계라는 견해, 한의학과 양의학은 서로 다른 물적 토대를 가지고 있다는 견해 등의 여러 답이 존재한다.

그렇지만 나는 STS 학자인 린과 로(Lin and Law, 2014)가 제시한 의견에 주목하고 싶다. 이들은 한의학이 서양의 현대 과학이 결여한 상관적인(correlative) 실행에 토대를 두고 있다고 지적했다. 이들이 파악한 상관적인 실행이란 정화(purifying)하는 대신에 잡종화하는 것, 맥락적 지식에 우선권을 두는 것, 원리적으로 비환원적인 몸을 실행하는 것, 만물(萬物)이라는 중국의 지적 전통에 따른 패턴을 직조하는 것, 그리고 맥락 속에서 파악된 체질에 대한 유동적인 접근 방법을 취하는 것 등이었다. 이들은 이런 특성이 한의학의 계승에 도움이 됐다고 하면서, 이런 특성을 서양 과학과 과학철학이 배워야 한다고 강조했다.

상관적(correlative)이라는 단어는 중국 과학사라는 학문 분야를 개척한 조지프 니덤(Joseph Needham)이 중국 과학의 가장 중요한 특성으로 제시한 개념이다. 그것은 그가 중국의 고전에서 발견한 '천인합일(天人合一)'의 사상을 영어로 번역한 것이다. 세계를, 세계를 이해하는 인간과 떼어 놓고 생각할 수 없다는 생각, 즉 인간과 세상 사이에, 주체와 객체 사이에 간격이 존재하지 않는다는 생각이다. 이는 주객합일 (主客合一)이라고도 불린다. 이런 생각은 서양의 근대 과학이나 근대 철학에서는 찾아보기 힘든 생각임은 분명하다.

3
현대 과학철학의
동양 과학적 요소

흥미로운 사실은 20세기에 들어 서양의 과학자들과 철학자들이 이와 매우 유사한 생각을 설파했다는 것이다. 일례로, 1970년대에 2차 사이버네틱스(second-order cybernetics)라는 사상적 흐름을 만드는 데 이바지한 하인츠 폰푀르스터(Heinz von Foerster)는 1972년 「살아있는 것들을 위한 인식론 노트 (Notes on an Epistemology for Living Things)」라는 논문에서 주체가 존재하지 않는 것처럼 세상을 객관적으로 묘사하는 것 같은 과학은 모순을 내포하고 있다고 주장했다. 이런 모순을 해결할 수 있는 방법은 세계에 대한 묘사가 그것을 묘사하는 사람을 포함하고 있다는 것을 받아들이는 방법밖에 없었다(von Foerster 1972). 그레고리 베이트슨(Gregory Bateson), 고든 패스크(Gordon Pask), 폰푀르스터에 의해 정립된 2차 사이버네틱스라는 새로운 흐름은, 관찰자를 시스템에 포함시켜야 시스템에 대한 입체적인 이해가 얻어질 수 있음을 주장했다.

2000년대에 행위자 실재론(agential realism)을 설파해서 과학기술학과 여성학 전반에 큰 영향을 미친 페미니스트 STS 학자 카렌 버라드(Karen Barad) 역시, 관찰자인 우리가 자연 세계의 절대적 외부에 존재하는 방식으로 자연과 관계를 맺지 않는다고 강조한다. 그녀는 관찰자가 세상 밖에 있는 것도, 세상 내부에 있는 것도 아니고, 세상과의 내적 작용(intra-activity) 속에서 세상의 부분으로 존재한다는 점을 주장한다(Barad 2007: 184). 버라드는 객관성의 조건이 주체와 객체의 분리나 거리에서가 아니라 현상 내에서의 외부성, 즉 행위적 분리성(agential separability)에 있다고 본다. 버라드가 자신의 이러한 존재론과 인식론의 토대로 인용하는 물리학자 닐스 보어(Niels Bohr) 역시 그의 상보성원리와 동양사상의 유사성에 주목했었다. 그 외에도 아마 이 비슷한 얘기를 다 찾아본다면 20세기에 활동한 수많은 사상가를 소환해야 할 것이다.

그런데 이런 연관만을 가지고는 해결되기 어려운 문제가 있다. 과학자이자 철학자였던 알프레드 화이트헤드(Alfred Whitehead)가 오랫동안 해결하려고 했던 '1차 성질 (primary quality)'과 '2차 성질(secondary quality)'의 구분, 혹은 이 둘 간의 발산(bifurcation) 문제이다. 1차 성질은 물체의 본질적인 성질로 인간의 감각에 의존하지 않는 것인데, 실체의 운동·수·크기 등이 이런 성질에 속한다. 2차 성질은 인간의 감각에 의존하는 성질, 즉, 색깔·냄새·맛 등이다. 인간이 자취를 감춰도 둥근 지구는 남듯이, 1차 성질은 우주에 객관적으로 존재한다고 볼 수 있다. 반면에 2차 성질은 인간이 소멸하면 함께 소멸한다. 사람이 없다면 사과의 색깔은 붉은색이 아닌 것이다. 일반적으로 1차 성질은 과학의 대상, 2차 성질은 인문학과 예술의 대상이라고 간주된다. 혹은 1차 성질은 객관적·이성적이고, 2차 성질은 주관적·감성적이라고도 한다 (Whitehead 1925: 39~57).

화이트헤드는 17세기 과학혁명 시기에 1차 성질과 2차 성질이 나뉜 이후 이 경계가 엄격해지면서 둘 사이의 거리가 점점 더 벌어진 점을 우려하고, 이 둘을 철학적으로 다시 통합하려고 했다. 그가 통합의 근거로 삼은 것은 19세기 후반부터 등장한 전자기적 에너지의 관점이었다. 화이트헤드에 의하면 1차 성질과 2차 성질의 구분은 뉴턴주의적 물질관, 즉 물질의 근본인 원자가 공간에서 작지만 분명한 위치를 점유한 단단한 존재라는 유물론에 입각했다. 그런데 새롭게 부상한 전자기적 세계관에서 보자면, 물질은 전자기적

323

에너지의 집합체라고 볼 수 있었고, 따라서 한 점에 존재하는 것이 아니었다. 물질은 한 점에 뭉쳐 있을 수도, 혹은 파장처럼 넓게 퍼져 있을 수도 있다. 물질이 이렇다면, 이런 물질을 놓고 1차 성질과 2차 성질을 나누는 것이 의미가 없었다 (Whitehead 1925). 화이트헤드는 현대 과학의 성과를 받아들여 이 문제를 해결했다고 생각했다. 그런데 지금까지도 1차 성질과 2차 성질의 구분을 계속 사용하고 있는 것을 보면, 화이트헤드의 기획이 성공적이었던 것 같지는 않다.

여기서 이 문제를 꺼낸 이유는 '가치' 때문이다. 우리가 가치라고 하는 것, 혹은 조금 좁게 윤리라고 하는 것은 인간의 이성보다는 감성에, 정신보다는 몸에 더 뿌리를 내리고 있다는 것이 요즘의 이해이다. 다른 말로 하자면, 가치는 1차 성질보다는 2차 성질에 더 깊게 관련되어 있다. 이렇게 보면 머리와 이성을 사용해서 1차 성질을 탐구하는 '과학'과, 몸으로 느끼는 감성 같은 2차 성질에서 연원하는 '가치' 사이의 간격은 좁혀지기 더 어려워 보인다. 1920년대 중국의 '과학과 인생관 논쟁'에서 과학이 삶의 문제를 해결할 수 없기에 인생관을 서양 과학에서 찾으려 해서는 안 된다고 주장했던 장쥔마이(張君勱)나 량치차오(梁啓超)의 입장이 이런 구분에 근거하고 있었다(천두슈 2016).

주체와 세계의 합일을 강조한 동양사상이나 근대 이전의 서양 과학에는 1차 성질과 2차 성질의 구분이 없거나 분별할 수 없을 정도로 흐릿했다. 이 구분은 근대 과학 이후에 생긴 것이다. 우리는 이런 간극을 좁히거나 1차 성질과 2차 성질의 구분에서 오는 갈등을 해소하고 싶은데, 이를 위해서 타임머신을 타고 과거로 돌아갈 수는 없다. 이 간극을 좁히기 위해서는 단지 새로운 과학이론이나 새로운 인식론이 아니라, 세상을 급진적 시각에서 파악하는 새로운 형이상학(metaphysics)이 필요할지 모른다.

4
선(禪)과 모터사이클

과학이 가치의 문제를 얼마만큼, 어디까지 답할 수 있는가를 끈질기게 캐물었던 사람 중 한 명이 로버트 피어시그(Robert Pirsig)였다. 그는 대학에 자리 잡은, 박사학위를 가진 철학자나 과학자는 아니었다. 오히려 대학 부적응자였다. 그의 이력 중에 특이한 것은 젊었을 때 3년간 한국에서 근무했다는 것인데, 이때 그는 노자의 『도덕경』을 읽을 기회를 가졌다. 이후

그는 동양철학과 서양철학, 동양적 세계관과 서양적 세계관의 차이와 이 둘의 융합을 평생의 화두로 삼았다. 피어시그는 조현병으로 고생을 했고, 회복되면서 「정신적 삶과 기술공학적 삶 사이의 분열」이라는 글을 썼는데, 이 글이 유명 출판사 편집자의 눈에 띄어서 두툼한 책으로 발전시킬 기회를 얻었다. 그의 사상은 몇 년 뒤에 『선과 모터사이클 관리술』이라는 책으로 출판됐다. 이 책에는 「가치에 대한 탐구」라는 부제가 붙어 있다(피어시그 2010).

그는 이 책에서 과학이 삶에서 질(Quality)의 문제에 답을 하지 못한다고 주장한다. 여기서 질은 가치의 동의어다. 과학은 질을 정의하려고 하지만 번번이 실패한다는 사실을 보인 뒤에, 피어시그는 이 문제를 해결하는 급진적인 형이상학을 제시한다. 그것은 질이 우리가 경험하는 세상의 속성이 아니라, 거꾸로 우리가 알고 경험하는 세상이 질로부터 파생됐다는 것이다. 다른 말로 하면, 질은 가장 근본적인 실재이다. 질에서 낭만적인 질과 고전적인 질이 파생되고, 고전적인 질에서 다시 우리가 정신이라고 부르는 존재와 물질이라고 부르는 존재가 나온다. 질, 혹은 성질은 실체의 속성이 아니라, 그 자체가 가장 근원적인 실재이다. 우리가 직관적으로 느끼는 질은 낭만적인 질이고, 사유와 분석을 통해 아는 질은 고전적인 질이다. 질은 모든 것의 근원이기에, 1차 성질과 2차 성질의 구분은 일종의 '가짜 문제'인 것이다. 이는 질을, 세상의 근원이 아니라 세상의 속성으로 볼 때 등장하는 문제이기 때문이다.

책의 제 20장은 피어시그가 이런 깨달음을 얻는 과정을 따라가는데, 여기서 그는 노자의『도덕경』과 자신의 깨달음을 비교한다. 자신이 깨달은 것이 "말로 나타낼 수 있는 것은 절대적 질이 아니다"는 것인데, 도덕경에서는 "말로 나타낼 수 있는 도는 영원한 도가 아니다(道可道非常道)"라는 구절이 있다. 이 둘이 본질적으로 동일한 깨달음이라는 것을 인식하면서, 그는 서양사상과 달리 동양사상에서는 과학과 가치의 분열이 일어나지 않는다는 사실을 주장한다. 서양에서 볼 수 있는 과학과 가치의 분열을 극복하고 치유할 수 있는 유일한 방법은『도덕경』과 비슷한 새로운 형이상학을 받아들이는 것에 있었다(피어시그 2010: 447~450).

피어시그가 1차 성질과 2차 성질의 발산을 해결한 방식은 이런 성질이 물질의 속성이 아니라, 물질이나 정신 모두가 더 근본적인 어떤 것, 즉 질의 속성이라는 공리를 받아들인 것을 통해서였다. 즉, 질, 혹은 가치가 과학적 인식에 우선한다. 이런 주장은 인식론도, 존재론도 아니고, '세상이 무엇으로 되어 있는가'에 대한 형이상학이라고 볼 수 있다. 이런 이유에서 어떤 독자는 이 책을 아주 뛰어난 '소설'이라고 평가한다. 나는 이 책이 형이상학을 다루는 철학서인가, 아니면 소설인가라는 문제에는 관심이 별로 없다. 이 문제가 중요하지 않아서가 아니라, 다른 더 흥미로운 문제에 관심이 있기 때문이다.

그것은 지금까지 우리가 논한 내용이 책 제목(『선과 모터사이클 관리술』)의 절반에 국한되어 있다는 것이다. 즉 그는 '선'의 깨달음을 얻었는데, 이 과정에서 '모터사이클'은 별반 역할을 하지 못했다.[1] 대체 모터사이클은 왜 제목에 등장한 것일까.

5
'과학과 가치'에서
'테크노사이언스와 가치'로

피어시그의 책 앞부분에는 모터사이클 여행을 위해 필요한 물건의 리스트가 나온다. 필요한 것들은 크게는 1) 의류, 2) 개인용품, 3) 요리 및 야영 도구, 4) 모터사이클 관리에 필요한 것으로 나뉜다(피어시그 2010: 83~88). 목록의 세부적 품목을 일일이 들여다 보면[2] 이게 다 어떻게 모터사이클에 달아맨

배낭들에 들어갈 수 있을까 믿기 힘들 정도이다. 흥미로운 점은 사람에게 필요한 것만큼 모터사이클에 필요한 것도 아주 많음을 알 수 있다는 것이다.

자, 우리가 피어시그를 따라서 세상에 대한 관점을 '질' 중심의 형이상학으로 바꾸었다고 가정해 보자. 그렇다면 이 물건들의 긴 리스트도 바뀔 수 있을까. 아니면 세상은 그대로이고, 즉 자본주의와 위험사회를 낳는 '형이하학'(形而下學)'—개별 과학과 기술의 발전—은 그대로인 채, 세상의 구성에 대한 형이상학만 바뀌는 것인가?

피어시그가 형이상학만 바꾸고 다른 어떤 것도 바뀌지 않는다고 얘기하는 것은 아니다. 그는 모터사이클 부품보다 그 관리에 주목한다.[3] 그는 모터사이클을 관리하는 뛰어난 한 장인의 예를 들면서 그의 솜씨에 대해 다음과 같이 높게 평가한다.

> 장인은 결코 정해진 일련의 지시에 맞춰 일을 하지 않아. 그는 일을 해나가면서 매 순간 어떻게 할 것인가를 결정하지. 바로 그 때문에, 일부러 그렇게 하라고 부산을 떨지 않아도, 그는 열중해서 일을 하게 되고 자기가 하는 일에 세심하게 신경을 쓰게 돼. 그의 동작과 기계가 조화를 이루며 움직이는 것을 볼 수 있지. 그는 활자화된 지시 사항 어느 것도 따르지

않아. 왜냐하면 현재 다루고 있는 재료의 성질이 그의
생각과 움직임을 결정하기 때문이야. 동시에 그의
생각과 움직임이 다루고 있는 재료의 성질을 바꾸게
되지. 재료와 그의 생각이 변화의 과정에 함께 변화하는
셈이지. 마침내 재료가 다루기에 적당한 것이 되어
동시에 그의 마음이 평온해질 때까지 말이야.
(피어시그 2010: 300~301)

육중한 모터사이클이라고 해도 재료가 장인의 움직임을 결정
하고, 그의 움직임이 재료의 성질을 바꾼다. 이 둘이 조화를
이룰 때 기계를 관리하는 장인은 마음의 평온을 얻는다.

흥미로운 사실은 이와 흡사한 얘기가 기술철학
자 스티글러(Bernard Stiegler)의 제자인 허욱(Yuk Hui)[4]의『중국
에서 기술에 관한 물음』에 비슷한 형태로 등장한다는 것이다.
우리는 형이상학, 세계관만이 아니라, 물적 토대의 변화를 물
었는데, 허욱은 이 책에서 동양의 세계관에서 교훈을 얻으려
는 사람은 과학에 관한 질문만 던져서는 부족하고 기술을 고
려해야 한다고 주장한다. 그래서 그의 책 제목도 "중국에서의
'기술'에 관한 물음"이다. 그는 기술이라는 존재가 인간이 자
연과 우연히 만나면서 생기는 것이며, 따라서 자연을 만나는
방식이 다른 동양은 서양과는 다른 기술을 가질 수 있었다는
과거를 복원해 내려고 시도한다. 허욱은 이렇게 다를 수 있

는 기술 체계를 세상(우주)과 기술의 합체라는 의미에서 코스모테크닉스(cosmotechnics)라고 명명한다(허욱 2019: 85). 동양의 코스모테크닉스가 서양의 코스모테크닉스를 대체할 가능성을 모색하는 것이 그가 탐구하는 과제다.

허욱이 동양의 기술과 기술철학을 가장 잘 보여주는 사례로 꼽는 것이 『장자』에 나오는 '포정해우(庖丁解牛)'의 우화이다. 백정 포정은 소 잡는 일을 시작해 3년이 지난 뒤부터는 소가 보이지 않게 되었고, 대신 도(道)가 보이기 시작했다고 술회한다. 그는 천리(天理)를 따라 칼을 움직여서, 다른 사람들은 매년 바꿔야 하는 소잡이 칼을 19년 동안이나 갈지 않은 채로 잘 썼다고 알려져 있었다.

> 제가 처음 소를 잡을 때는 눈에 보이는 것이란
> 모두 소뿐이었으나 3년이 지나가 이미 소의 온 모습은
> 눈에 안 띄게 되었습니다. 요즘 저는 정신으로 소를
> 대하고 있고 눈으로 보지는 않습죠. 눈의 작용이 멎으니
> 정신의 자연스러운 작용만 남습니다. 천리(天理)를
> 따라 커다란 틈새와 빈 곳에 칼을 놀리고 움직여
> 소 몸이 생긴 그대로를 따라갑니다. 그러한 기술의
> 미묘함은 아직 한 번도 살이나 뼈를 다친 적이
> 없습니다. 하물며 큰 뼈야 더 말할 나위가 있겠습니까?
> (허욱 2019: 173)

여기서 핵심은 도가 기술보다 더 근본적이라는 것이다. 허욱은 이런 동양의 성찰과 현대기술이 만났을 때 새로운 코스모테크닉스가 가능하지 않을까 추론하는데, 이 과정은 두 단계로 이루어질 수 있다고 제시한다. 첫 단계는 "기(氣)-도(道) 같은 형이상학의 기본 개념들을 재구성할 것"이며, 두 번째 단계는 "그에 근거해 기술적 발명, 발달, 혁신이 더 이상 단순한 모방이나 반복이 아닐 수 있도록 하기 위해 그것들을 조건 지을 에피스테메를 재구성할 것이 요구"되는 단계이다. 그는 이런 과정을 통해 "기술 그리고 우주적인 것과 도덕질서의 합일 사이의 관계를 체계적으로 성찰하는 것"이 가능하고, 이 토대 위에 "(새로운) 테크놀로지의 생산과 사용에 대해 성찰하는 것"이 이루어질 것임을 상상한다(허욱 2019: 387).

그렇지만 허욱은 이 작업이 만만치 않은 것임을 알고 있다. 그는 "동양사상이 서양 과학을 구할 것이다"라는 식의 허황한 얘기를 하지 않는다. 그는 20~21세기에 동양사상이 신비주의 운동, 뉴에이지, 캘리포니아 이데올로기로 소비되고 있다는 사실을 잘 알고 있다. 허욱은, 이미 수백 년의 근대화가 진행된 뒤인 지금 "비-인간적인 것들과의 관계를 어떻게 혁신할 수 있을까?"라는 질문을 던진다(허욱 2019: 388). 이는 동양의 세계관을 바탕으로 한 코스모테크닉스가 지금 세상을 거미줄처럼 덮고 있는 현대기술을 대체하는 새로운 대안적 기술로 발전할 가능성이 크지 않다는 사실을 인식한 사람이 던질 수 있는 질문이다. 동양의 기술에 대해서 깊게 고민했던 허욱의 청사진은 무엇일까? 안타깝지만 그의 책은 이 지점에서 끝난다.

다만 책을 끝내기 전에 그는 프랑스 기술철학자 질베르 시몽동(Gilbert Simondon)이 논한 TV 안테나의 사례를, "코스모테크닉스적 사유와 근대 테크놀로지 사이의 양립 가능성을 어떻게 하면 사유할 수 있는지를 보여주는 훌륭한 사례"(허욱 2019: 389)로서 다시 한 번 언급한다. 시몽동은 TV 안테나가 기술적인 차원만이 아니라 대지와의 '공-자연성(co-naturality)'을 구현하는 시적 차원을 가지고 있음을 지적한다.

> 저에게 이것[TV 안테나]은 하나의 상징 이상인 것처럼 보입니다. 그것은 온갖 종류의 몸짓, 거의 주술적인 지향성의 힘, 우리 시대의 형태의 주술을 대변하는 것처럼 보입니다. 가장 높은 장소와 마디점 사이의 이 만남 – 그것이 고주파의 전송 지점입니다 – 속에 인간적 네트워크와 지역의 자연적 지리학의 모종의 '공-자연성'이 존재합니다. 이것은 의미작용과 관련된 차원 그리고 의미작용들 사이의 만남뿐만 아니라 시적 차원도 갖고 있습니다.
>
> (허욱 2019: 89)

이런 시몽동의 인식에서 희망을 본다는 것은, 허욱이 동양적인 코스모테크닉스가 전적으로 새로운 기술을 만드는 혁신이라고 생각하기보다, 그동안 가려졌던 기술의 공자연성, 시적 차원, 주술적 힘에 대한 새로운 지각을 가져오는 역할을 할 수 있다고 생각한다는 점을 암시한다. 이런 인식에 대해, "세상은 그대로 두고 우리가 세상을 보는 방법만 바꾸자는 것이냐"라는 비판이 있을 수 있다. 또 이런 비판은 항상 어느 정도는 정당하다.

그렇지만 나는 허욱이 제안한 코스모테크닉스에 대한 논의만으로도 적지 않은 큰 걸음을 내디뎠다고 평가한다. 우리는 한 바퀴 먼 길을 돌아서 다시 처음으로 온 것 같지만, 지금 우리가 서 있는 지점은 출발점과 같지 않다. 우리는 땅 위에서 동그라미를 그린 것이 아니라, 나선형 계단을 타고 위로 올라갔다. 그래서 지금의 위치는 출발점보다 더 위에 있고, 우리가 출발한 지점을 내려다 볼 수 있다. 그렇기에 지금부터의 우리는 적어도 동양 과학의 가치에 대해서 쉬운 대답에 안주하는 일은 없을 것이다.

6

에필로그의 에필로그

이 에필로그는 동양 과학의 가치에 대한 논의에서 시작했지만, 종국적으로는 기술을 포함한 테크노사이언스가 서로 다른 코스모테크닉스의 형태로 나타날 가능성이 있음을 확인하는 지점까지 이르렀고, 여기에서 논의를 마무리할 수밖에 없었다. 이런 대안적인 코스모테크닉스가 인류세(Anthropocene) 시대를 살아가는 우리에게 실천적 의미를 지닐 수 있음이 분명하다. 대안적인 코스모테크닉스의 구체적인 모습은 어떤 것일까? 지금 그 모습은 너무 흐릿해서 형체를 알아보기도 힘들지만, 이 구체적 형태는 테크노사이언스와 가치에 관한 후속 연구는 물론 세상 사람들의 실천을 통해 미래에 조금씩 그 모습을 드러낼 것이다.

함께 생각해 볼 문제

1

1970~90년대에 서양은 물론 한국에서도 '신과학운동'이 있었다. 양자역학이나 상대성이론, 복잡계 이론 같은 현대 과학이 동양사상과 유사한 부분이 많이 있고, 따라서 기계적이고 환원적인 서양의 세계관이 아니라, 유기체적이고 총체적인 동양의 자연관을 새로운 세계관으로 받아들이고 이를 토대로 새로운 과학을 해야 한다는 주장이었다. 이런 신과학운동은 정신과 물질의 통합, 정신 작용을 통한 물질의 극복 등을 주장하면서, 하늘의 계시, 유령의 존재, 공중부양, 순간 공간이동 등이 현실적으로 가능하다고까지 주장했고, 이런 현상을 만들어 보려고 노력하기도 했다. 이런 주장의 의의와 한계에 대해서 생각해 보자.

2

근대 과학의 기계적 세계관에 따르면 빛이 없는 깜깜한 방에서는 사과의 껍질이 붉은색을 띠지 않는다. 마찬가지로 아무도 없는 무인도에서 나무가 쓰러지면 '쿵!' 소리가 나지 않는다. 사과의 붉은색은 사과의 껍질에서 반사되어 변형된 빛이 우리의 시신경과 뇌의 뉴런을 자극한 결과이고, '쿵' 소리는 나무가 쓰러지면서 생긴 공기의 파동이 우리 귀의 고막을 자극한 결과이다. 여러분들은 이런 근대적, 기계적 세계관이 얼마나 타당하다고 생각하는가? 혹은 이런 세계관을 극복하고 새로운 세계관을 가져야 할 이유가 있다고 생각하는가?

1

책의 논의는 모터사이클을 타고 여행을
하면서 이런 깨달음을 얻는 과정으로
전개된다. 그는 실제로 어린 아들,
친구들과 함께 모터사이클을 타고 미국을
횡단하는 여행을 했고, 이때 이 책의 핵심
아이디어를 얻었다고 한다. 어느 쪽이건
중요한 것은 여행의 경험과 대화이지
모터사이클은 아니다.

2

각각의 목록을 보면 이렇다 (일부임). 1)
내의 두 벌, 방한용 내의 한 벌, 여분의
셔츠와 바지, 스웨터와 재킷, 장갑, 장화,
우비, 헬멧과 차양, 버블, 고글; 2) 빗,
지갑, 주머니칼, 수첩, 펜, 담배와 성냥,
손전등, 비누와 비누통, 칫솔과 치약, 가위,
아스피린, 곤충 쫓는 약, 탈취제, 선크림,
반창고, 휴지, 수건 (목욕용, 기타 용도용),
책 (모터사이클 수리교본, 모터사이클 관리
지침서, 소로의 〈월든〉); 3) 침낭 두 개, 판초
두 벌, 캔버스 천, 밧줄, 지도, 칼, 나침반,
식기, 휴대용 나이프와 포크 세트, 스토브,
깡통 몇 개, 수세미, 배낭 두 개; 4) 기본
연장 + 대형 렌치, 망치, 정, 테이퍼 펀치,
타이어 아이언 한 쌍, 타이어 펑크 수리
세트, 자전거 펌프, 체인에 쓰는 스프레이,
전기 드라이버, 줄칼, 필러 게이지, 테스트
램프, 플러그, 스로틀 케이블, 클러치
케이블, 브레이크 케이블, 카뷰레터 점검,
퓨즈, 전조등 및 미등의 전구, 체인 연결
고리, 코터 핀, 철사, 여분의 체인.

3

그래서 책의 제목이『선과 모터사이클』이
아니라『선과 모터사이클 관리술』이다.

4

그는 서양의 학계에서 활동하기 때문에
그의 이름은 서양에서 불리는 방식대로
육휘(Yuk Hui)라고 불린다. 그의 한자
이름이 許煜인데, 이를 한글로 읽은 것이
허욱이다.

참고문헌

로버트 피어시그(장경렬 역). 2010.『선과 모터사이클 관리술 – 가치에 대한 탐구』. 문학과지성사.

에드워드 윌슨(최재천·장대익 역). 2005. 『통섭 – 지식의 대통합』. 사이언스북스.

천두슈(한성구 역). 2016.『과학과 인생관 – 20세기 초 중국 사상계를 흔든 과학과 인생관 논쟁』. 산지니.

프리초프 카프라(김용정·이성범 역). 1979. 『현대 물리학과 동양사상』. 범양사.

허욱(조형준, 이철규 역). 2019. 『중국에서의 기술에 관한 물음』. 새물결.

Barad, Karen. 2007. *Meeting the Universe Halfway: Quantum Physics and the Entanglement of Matter and Meaning*. Duke University Press.

von Foerster, Heinz. 1972. "Notes on an Epistemology for Living Things." *BCL Report*. No. 3.

Galison, Peter. 1997. *Image and Logic: A Material Culture of Microphysics*. Chicago: University of Chicago Press.

Lin, W. and J. A. Law. 2014. "A Correlative STS: Lessons from a Chinese Medical Practice." *Social Studies of Science*. 44. pp.801~824.

Whitehead, Alfred N. 1925. *Science and the Modern World*. McMillan Company.

과학과 가치 :
테크노사이언스에서 코스모테크닉스로

지은이	이중원, 홍성욱, 손화철, 송위진, 이두갑,
	이상욱, 임소연, 천현득, 현재환
펴낸이	주일우
편집	배노필
디자인	PL13
마케팅	추성욱

처음 펴낸 날
2023년 7월 31일

펴낸곳	이음
출판등록	제2005-000137호 (2005년 6월 27일)
주소	서울시 마포구 월드컵북로1길 52, 운복빌딩 3층
전화	02-3141-6126
팩스	02-6455-4207

전자우편
editor@eumbooks.com
홈페이지
www.eumbooks.com
인스타그램
@eum_books

ISBN 979-11-90944-72-4 03400
값 29,000원